中 等 职 业 学 校 计 算 机 系 列 教 材

zhongdeng zhiye xuexiao jisuanji xilie jiaocai

计算机图形图像处理

Photoshop CS3 中文版

（第2版）

◎ 郭万军 于波 主编

人 民 邮 电 出 版 社

北 京

图书在版编目（CIP）数据

计算机图形图像处理Photoshop CS3中文版 / 郭万军
，于波主编. -- 2版. -- 北京 : 人民邮电出版社，
2012.3
中等职业学校计算机系列教材
ISBN 978-7-115-26021-5

Ⅰ．①计… Ⅱ．①郭… ②于… Ⅲ．①图象处理软件
，Photoshop CS3－中等专业学校－教材 Ⅳ.
①TP391.41

中国版本图书馆CIP数据核字(2011)第225584号

内 容 提 要

　　本书以图像处理为主线，全面介绍 Photoshop CS3 中文版的基本操作方法和图像处理技巧，包括
Photoshop CS3 系统的启动、界面操作、图形图像基本概念、软件的基本操作方法、工具箱的使用、路径和
矢量图形、文本的输入与编辑、图层、通道和蒙版的概念及应用方法、图像的基本编辑和处理、图像颜色的
调整方法、滤镜介绍及常用特殊效果的制作等内容。各章内容的讲解都以实例操作为主，全部操作实例都有
详尽的操作步骤，突出对读者实际操作能力的培养。在每章的最后均设有练习题，使读者能够巩固并检验本
章所学的知识。

　　本书可以作为中等职业学校"计算机图形图像处理"课程的教材，也可作为 Photoshop 初学者的自学参
考书。

中等职业学校计算机系列教材

计算机图形图像处理 Photoshop CS3 中文版（第 2 版）

◆ 　主　编　郭万军　于　波
　　责任编辑　王　平

◆ 　人民邮电出版社出版发行　　北京市崇文区夕照寺街 14 号
　　邮编　100061　　电子邮件　315@ptpress.com.cn
　　网址　http://www.ptpress.com.cn
　　北京昌平百善印刷厂印刷

◆ 　开本：787×1092　1/16
　　印张：15.75　　　　　　　2012 年 3 月第 2 版
　　字数：389 千字　　　　　2012 年 3 月北京第 1 次印刷

ISBN 978-7-115-26021-5

定价：29.80 元

读者服务热线：**(010)67170985**　印装质量热线：**(010)67129223**
反盗版热线：**(010)67171154**
广告经营许可证：京崇工商广字第 0021 号

中等职业学校计算机系列教材编委会

序

中等职业教育是我国职业教育的重要组成部分，中等职业教育的培养目标定位于具有综合职业能力，在生产、服务、技术和管理第一线工作的高素质的劳动者。

随着我国职业教育的发展，教育教学改革的不断深入，由国家教育部组织的中等职业教育新一轮教育教学改革已经开始。根据教育部颁布的《教育部关于进一步深化中等职业教育教学改革的若干意见》的文件精神，坚持以就业为导向、以学生为本的原则，针对中等职业学校计算机教学思路与方法的不断改革和创新，人民邮电出版社精心策划了《中等职业学校计算机系列教材》。

本套教材注重中职学校的授课情况及学生的认知特点，在内容上加大了与实际应用相结合案例的编写比例，突出基础知识、基本技能。为了满足不同学校的教学要求，本套教材中的 3 个系列，分别采用 3 种教学形式编写。

- 《中等职业学校计算机系列教材 —— 项目教学》：采用项目任务的教学形式，目的是提高学生的学习兴趣，使学生在积极主动地解决问题的过程中掌握就业岗位技能。
- 《中等职业学校计算机系列教材 —— 精品系列》：采用典型案例的教学形式，力求在理论知识"够用为度"的基础上，使学生学到实用的基础知识和技能。
- 《中等职业学校计算机系列教材 —— 机房上课版》：采用机房上课的教学形式，内容体现在机房上课的教学组织特点，学生在边学边练中掌握实际技能。

为了方便教学，我们免费为选用本套教材的老师提供教学辅助资源，教师可以登录人民邮电出版社教学服务与资源网（http://www.ptpedu.com.cn）下载相关资源，内容包括如下。

- 教材的电子课件。
- 教材中所有案例素材及案例效果图。
- 教材的习题答案。
- 教材中案例的源代码。

在教材使用中有什么意见或建议，均可直接与我们联系，电子邮件地址是 wangyana@ptpress.com.cn，wangping@ptpress.com.cn。

中等职业学校计算机系列教材编委会

2011 年 3 月

前　言

在计算机图形图像处理软件中 Photoshop 软件是使用最广泛的软件之一，该软件功能强大，应用范围广，因此也成为中职学校开设最普遍的软件之一。

本书的最大特点是采用了"任务驱动，案例教学"的方法，充分考虑了中等职业学校教师和学生的实际需求，按照基本工具和菜单命令的先后使用顺序，列举了大量的典型实例来讲解 Photoshop CS3 的基本操作方法和应用技巧，使教师教起来方便，学生学起来容易，能够满足中等职业学校相关专业的教学需求。

本书以章为基本写作单位，每章介绍一类完整的功能或图像处理技巧，并配以实例进行讲解，使学生能够迅速掌握相关操作方法。教师一般可用 28 课时来讲解本教材内容，再配以 44 课时的上机时间，即可较好地完成教学任务。

每章主要由以下几个部分组成。

- 学习目标：罗列出了该章的主要学习内容，教师可用它作为简单的备课提纲，学生可通过学习目标对该章的内容有一个大体的认识，使教师和学生都做到心中有数。
- 命令简介：讲解在制作实例过程中要用到的命令及各选项的功能，使学生在学习和操作过程中能知其然，并知其所以然。
- 操作步骤：将精心准备的案例一步一步做出来。案例的制作步骤连贯，不会有大的跳步，做到关键步骤时，会及时提醒学生应注意的问题。
- 案例小结：在每个案例完成后，教师可根据案例小结引导学生进行案例总结，教师最好再找一些同类案例进行简单的分析，以拓展学生的思路。
- 小结：总结本章重要知识点，梳理知识脉络。
- 习题：在每章的最后都准备了一组练习题，包括简答题和操作题，用以检验学生的学习效果。

本书由郭万军、于波担任主编，参加本书编写工作的还有沈精虎、黄业清、宋一兵、谭雪松、向先波、冯辉、计晓明、董彩霞、滕玲。由于作者水平有限，书中疏漏之处在所难免，敬请各位专家和读者指正。

作　者

2011 年 8 月

目 录

第1章 Photoshop CS3 的基本操作

Photoshop CS3 作为专业的图像处理软件，版本功能强大、操作灵活，为使用者提供了更为广阔的使用空间和设计空间，可以使用户尝试新的创作方式以及制作适用于打印、Web图形和其他用途的最佳品质的图像等。通过它便捷的文件数据访问、流线型的 Web 设计、更快的专业品质照片润饰功能及其他功能等，可创造出无与伦比的影像世界。

本章主要介绍 Photoshop CS3 的基础知识，包括启动和退出 Photoshop CS3、界面分区、窗口的大小调整、控制面板的显示和隐藏以及拆分和组合、图像文件的新建、打开、存储、颜色设置、图像的缩放显示以及输入与输出等。在相应的案例小节中，还将介绍计算机图像技术的基本概念，包括文件存储格式、图像色彩模式、矢量图与位图、像素与分辨率等，这些知识点都是学习 Photoshop CS3 最基本、最重要的内容。

学
习
目
标

- 学会 Photoshop CS3 的启动和退出方法。
- 了解 Photoshop CS3 的界面。
- 学会软件窗口的大小调整方法。
- 学会显示、隐藏、拆分、组合控制面板。
- 学会图像文件的新建、打开与存储。
- 学会图像文件的颜色设置及填充方法。
- 学会图像的缩放显示、输入与输出。

1.1 Photoshop CS3 的启动和退出

学习某个软件，首先要掌握软件的启动和退出方法，本节主要介绍 Photoshop CS3 的启动和退出的方法。

1.1.1 启动 Photoshop CS3

首先确认计算机中已经安装了 Photoshop CS3 中文版软件，下面介绍该软件的启动方法。

【例1-1】 Photoshop CS3 的启动操作。

 操作步骤

(1) 首先启动计算机，进入 Windows 界面。
(2) 在 Windows 界面左下角的 开始 按钮上单击，在弹出的【开始】菜单中，依次执行【所有程序】/【Adobe Photoshop CS3】命令。
(3) 单击鼠标左键后稍等片刻，即可启动 Photoshop CS3。

案例小结　　掌握软件的正确启动方法是学习软件应用的必要条件。其他软件的启动方法与Photoshop 的基本相同，只要在【开始】/【程序】菜单中找到安装的软件并单击即可。

1.1.2　Photoshop CS3 工作界面

下面介绍 Photoshop CS3 工作界面各分区的功能和作用。

 命令简介

在工作区中打开一幅图像，Photoshop CS3 的工作界面如图 1-1 所示。

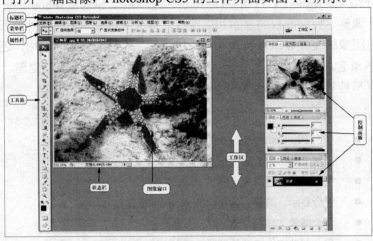

图1-1　Photoshop CS3 界面中各分区名称

Photoshop CS3 界面按其功能可分为标题栏、菜单栏、属性栏、工具箱、状态栏、图像窗口、控制面板、工作区等几部分，下面分别介绍各部分的功能和作用。

1.　标题栏

标题栏位于界面的最上方，显示为蓝色的区域，其左侧显示的是软件图标和名称。当工作区中的图像窗口显示为最大化状态时，标题栏中还将显示当前编辑文档的名称。标题栏右侧的 按钮，主要用于控制界面的显示大小。

2.　菜单栏

菜单栏位于标题栏的下方，包含 Photoshop CS3 的各类图像处理命令，共有 10 个菜单。每个菜单下又有若干个子菜单，选择任意子菜单可以执行相应的命令。

- 在下拉菜单中有些命令的后面有英文字母组合，这样的字母组合叫做快捷键，即不用打开下拉菜单，直接按键盘上的快捷键就可以执行相应的命令。例如，【文件】/【新建】命令的后面有 "Ctrl+N"，这表示不用打开【文件】菜单，直接按 Ctrl + N 组合键就可以执行【新建】命令。
- 在下拉菜单中有些命令的后面有省略号，表示选择此命令可以弹出相应的对话框。有些命令的后面有向右的三角形，表示此命令还有下一级子菜单。
- 另外，下拉菜单中的命令除了显示为黑色外，还有一部分显示为灰色，此部分命令表示暂时不可用，只有在满足一定的条件之后才可执行。

3. 属性栏

属性栏位于菜单栏的下方，显示工具箱中当前选择按钮的参数和选项设置。在工具箱中选择不同的工具时，属性栏中显示的选项和参数也各不相同。例如，单击工具箱中的【横排文字】工具 T 后，属性栏中就只显示与文本有关的选项及参数。在画面中输入文字后，单击【移动】工具 ➤ 来调整文字的位置，属性栏中将更新为与【移动】工具有关的选项。

将鼠标光标放置在属性栏最左侧的灰色区域按下鼠标左键并拖曳，可以将属性栏拖曳至界面的任意位置。

4. 工具箱

工具箱的默认位置位于界面的左侧，包含 Photoshop CS3 的各种图形绘制和图像处理工具，例如对图像进行选择、移动、绘制、编辑和查看的工具，在图像中输入文字的工具，更改前景色和背景色的工具及不同编辑模式工具等。注意，将鼠标光标放置在工具箱上方的蓝色区域内，按下鼠标左键并拖曳即可移动工具箱的位置。单击工具箱中最上方的 ▦ 按钮，可以将工具箱转换为单列或双列显示。

将鼠标光标移动到工具箱中的任一按钮上时，该按钮将凸出显示，如果鼠标光标在工具按钮上停留一段时间，鼠标光标的右下角会显示该工具的名称。单击工具箱中的任一工具按钮可将其选择。另外，绝大多数工具按钮的右下角带有黑色的小三角形，表示该工具还隐藏有其他同类工具，将鼠标光标放置在这样的按钮上按下鼠标左键不放或单击鼠标右键，即可将隐藏的工具显示出来。

将鼠标光标移动到弹出工具组中的任一工具上单击，可将该工具选择。工具箱以及隐藏的工具按钮如图1-2所示。

5. 状态栏

状态栏位于图像窗口的底部，显示图像的当前显示比例

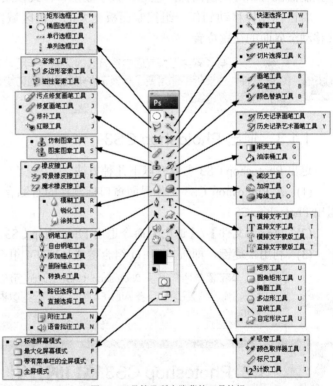

图1-2 工具箱及所有隐藏的工具按钮

和文件大小等信息。在比例窗口中输入相应的数值，可以直接修改图像的显示比例。

6. 图像窗口

图像窗口是表现和创作 Photoshop 作品的主要区域，图形的绘制和图像的处理都在该区域内进行。Photoshop CS3 允许同时打开多个图像窗口，每创建或打开一个图像文件，工作区中就会增加一个图像窗口。

图像窗口上方的标题栏中，最左侧显示 Photoshop CS3 的软件图标，其后依次显示图像文件的名称、文件格式、显示比例、当前图层、颜色模式和位深度等相关信息。例如，在图 1-3 中，图像

窗口的标题栏中显示为"像册.psd@66.7%（图层
1，RGB/8）"，它表示当前打开的是一个名为"像
册"的 psd 格式的图像文件，该图像以实际大小的
66.7%比例显示，当前工作层为"图层 1"层，颜色
模式为"RGB 颜色"，位深度为"8 位"。

图1-3　打开的图像文件

7. 工作区

工作区是指工作界面中的大片灰色区域，
工具箱、图像窗口和各种控制面板都处于工作区内。为了获得较大的空间显示图像，可按
Tab 键将工具箱、属性栏和控制面板同时隐藏；再次按 Tab 键可以使它们重新显示出来。

8. 控制面板

控制面板默认位于界面的右侧，在 Photoshop CS3 中共提供了 21 种控制面板。利用这
些控制面板可以对当前图像的色彩、大小显示、样式以及相关的操作等进行设置和控制。

将鼠标光标移动到任一组控制面板上方的灰色区域内，按住鼠标左键并拖曳，可以将
其移动至界面的任意位置。

要点提示　　了解了软件工作界面中各分区的功能与作用，才能在工作时得心应手。不论学习何种
软件，首要的条件是要了解该软件中各部分的功能，这样才能进一步学习如何运用其功能
进行所需的操作。

1.1.3　退出 Photoshop CS3

退出 Photoshop CS3 主要有以下几种方法。

（1）在 Photoshop CS3 工作界面窗口标题栏的右侧有一组控制按钮，单击■按钮，即可
退出 Photoshop CS3。

（2）执行【文件】/【退出】命令退出 Photoshop CS3。

（3）利用快捷键，即按 Ctrl+Q 组合键或 AltF F4 组合键退出 Photoshop CS3。

案例小结　　本节简单地介绍了 Photoshop CS3 的退出方法，希望读者能够掌握，并养成正确启动
和退出软件的好习惯。按 Alt+F4 组合键不但可以退出 Photoshop CS3，而且也可以关闭计
算机。

1.2　Photoshop CS3 窗口的介绍

下面介绍 Photoshop CS3 工作界面窗口大小的调整、控制面板的显示与隐藏、控制面板
的拆分与组合等操作。

命令简介

- 【窗口】菜单：利用此菜单中的命令，可以隐藏或显示控制面板。
- （最小化）按钮：用于将工作界面或图像窗口变为最小化图标状态。
- （向下还原）按钮：用于将工作界面或图像窗口变为还原状态。
- （最大化）按钮：可以将还原后的工作界面或图像窗口最大化显示。

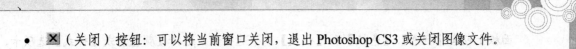

- ✖（关闭）按钮：可以将当前窗口关闭，退出 Photoshop CS3 或关闭图像文件。
- 【窗口】/【工作区】/【存储工作区】命令：可以将自定义后的窗口存储。

1.2.1 软件窗口的大小调整

当需要多个软件配合使用时，调整软件窗口的大小可以方便各软件间的操作。

【例1-2】 调整 Photoshop CS3 窗口的大小。

 操作步骤

(1) 在 Photoshop CS3 标题栏右上角单击▬按钮，可以使工作界面窗口变为最小化图标状态，其最小化图标会显示在 Windows 系统的任务栏中，图标形态如图 1-4 所示。

(2) 在 Windows 系统的任务栏中单击最小化后的图标，Photoshop CS3 工作界面窗口还原为最大化显示。

(3) 在 Photoshop CS3 标题栏右上角单击◱按钮，可以使窗口变为还原状态。还原后，窗口右上角的 3 个按钮即变为图 1-5 所示的形态。

图1-4 最小化图标形态   图1-5 还原后的按钮形态

(4) 当 Photoshop CS3 窗口显示为还原状态时，单击▢按钮，可以将还原后的窗口最大化显示。

(5) 单击✖按钮，可以将当前窗口关闭，退出 Photoshop CS3。

 案例小结

无论 Photoshop CS3 窗口是最大化显示还是还原显示，只要将鼠标光标放置在标题栏的蓝色区域内双击，即可将窗口在最大化和还原状态之间切换。当窗口为还原状态时，将鼠标光标放置在窗口的任意边缘处，鼠标光标将变为双向箭头形状，此时按下鼠标左键并拖曳，可以将窗口调整至任意大小。将鼠标光标放在标题栏的蓝色区域内，按住鼠标左键并拖曳，可以将窗口放置在 Windows 窗口中的任意位置。本节介绍了 Photoshop CS3 窗口大小的调整方法，对于其他软件或是打开的任何文件，都可以通过这种方法来调整窗口的大小。

1.2.2 控制面板的显示与隐藏

在实际工作中，为了操作方便，经常需要调出某个控制面板，调整工作界面中部分面板的位置或将其隐藏等。本小节介绍 Photoshop CS3 中控制面板的显示与隐藏操作。

【例1-3】 显示与隐藏控制面板操作。

 操作步骤

(1) 选择【窗口】菜单，将会弹出下拉菜单，该菜单中包含 Photoshop CS3 的所有控制面板，如图 1-6 所示。

 要点提示

在【窗口】菜单中，左侧带有✔符号的表示该控制面板已在工作区中显示，如【工具】面板、【图层】面板、【选项】面板等，选取相应的命令可以隐藏相应的控制面板；左侧不带✔符号的表示该控制面板未在工作区中显示，如【动画】面板、【动作】面板等，选取相应的命令即可使其显示在工作区中，同时该命令左侧将显示✔符号。

(2) 当控制面板显示在工作区之后，每一组控制面板都有两个以上的选项卡。例如，【颜色】

面板上包含【颜色】、【色板】和【样式】3 个选项卡，选择【颜色】或【样式】选项卡，可以显示【颜色】或【样式】控制面板，这样读者可以快速地选择和应用需要的控制面板。反复按 Shift+Tab 组合键可以将工作界面中的所有控制面板进行隐藏或显示操作。

(3) 在默认状态下，控制面板都以组的形式堆叠在绘图窗口右侧，如图 1-7 所示。单击面板左上角向左的双向箭头 ，可以展开更多的控制面板，如图 1-8 所示。

图1-6 【窗口】菜单　　　　　　　　　　　　　图1-7 默认显示的控制面板

在默认的控制面板左侧有一些按钮，单击相应的按钮可以打开相应的控制面板。

(4) 单击默认控制面板右上角的双向箭头 ▶▶，可以将控制面板隐藏，只显示按钮图标，如图 1-9 所示，这样可以节省绘图区域以显示更大的绘制文件窗口。

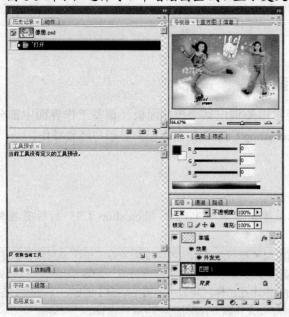

图1-8 展开的控制面板　　　　　　　　　　　　图1-9 折叠后的控制面板

在每个控制面板的右上角都有 –（最小化）和 ×（关闭）两个按钮。单击 – 按钮，可以将控制面板切换为最小化显示状态；单击 × 按钮，可以将控制面板关闭。其他控制面板的操作也都如此。

在【颜色】选项卡的右侧显示有【色板】和【样式】选项。如果需要显示【色板】面板，可将鼠标光标移动到【色板】选项卡上，单击即可使其显示。读者使用这种方法可以快捷地显示或隐藏控制面板，而不必去【窗口】菜单中选择了。

1.2.3　控制面板的拆分与组合

在控制面板中，读者不但可以利用选择选项卡的方法快捷地选择要使用的控制面板，还可以将这些控制面板根据自己的需要进行自由的拆分与组合。

【例1-4】　控制面板的拆分与组合操作。

 操作步骤

(1)　确认【图层】面板显示在工作区中，将鼠标光标移动到【图层】面板中的【通道】选项卡上。

(2)　按住鼠标左键，并拖动【通道】选项卡到如图 1-10 所示的位置。

(3)　拖动【通道】选项卡到合适的位置后释放鼠标左键，拆分后的【通道】面板状态如图 1-11 所示。

 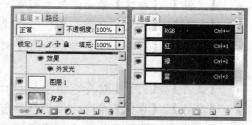

图1-10　拖动【通道】选项卡时的拆分状态　　　　　　图1-11　拆分后的【通道】控制面板

至此，实现了对【通道】面板的拆分，下面再来介绍控制面板的组合方法。

(4)　接上例。确认【色板】面板显示在工作区中，将鼠标光标移动到【色板】面板的选项卡上，按住鼠标左键并拖动【色板】选项卡到【图层】面板上，其状态如图 1-12 所示。

(5)　拖动【色板】选项卡到【路径】选项卡右侧后释放鼠标左键，完成控制面板的组合，组合后的控制面板形态如图 1-13 左图所示。

 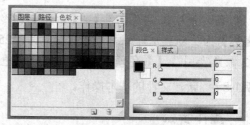

图1-12　拖动组合控制面板时的状态　　　　　　图1-13　组合后的控制面板形态

(6)　执行【窗口】/【工作区】/【存储工作区】命令，弹出如图 1-14 所示的【存储工作区】对话框。

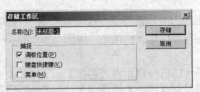

图1-14 【存储工作区】对话框

(7) 单击 存储 按钮，将当前工作区状态命名为"未标题-1"进行存储。

Photoshop CS3 可以对所有的控制面板进行任意的拆分和组合，并可以将调整后的控制面板组合状态和当前的工作区形态进行存储。当需要再次使用调整后的控制面板状态时，只要执行【窗口】/【工作区】中的相应命令即可。在工作区中将各控制面板的位置进行调整后，如读者又想将其恢复为默认的状态，可执行【窗口】/【工作区】/【复位调板位置】命令，即可使控制面板恢复到默认状态。

1.3 图像文件的基本操作

 命令简介

- 【文件】/【新建】命令：用于创建一个新的图像文件。
- 【视图】/【标尺】命令：用于显示或隐藏文件的标尺。
- 【图像】/【图像大小】命令：用于对图像进行像素尺寸以及打印尺寸的设置和调整。
- 【文件】/【打开】命令：用于打开一个已经存储的图像文件。
- 【文件】/【存储】命令：用于将当前编辑的图像文件进行保存。
- 【文件】/【存储为】命令：用于将当前新建的图像文件编辑后进行保存或将已经保存的图像文件重新编辑、重命名后进行保存。
- 【编辑】/【填充】命令：用于填充颜色以及图案效果。
- 【选择】/【取消选择】命令：用于将当前的选区去除，快捷键为 Ctrl+D 组合键。

1.3.1 新建文件

本案例利用执行【文件】/【新建】命令，来介绍新建文件的基本操作。新建的文件【名称】为"新建文件练习"，【宽度】为"25 厘米"，【高度】为"20 厘米"，【分辨率】为"72 像素/英寸"，【颜色模式】为"RGB 颜色"、"8 位"，【背景内容】为"白色"。

【例1-5】 新建文件的基本操作。

 操作步骤

(1) 执行【文件】/【新建】命令，弹出【新建】对话框，单击【高级】选项左侧的⊗按钮，对话框将增加高级选项显示，如图 1-15 所示。

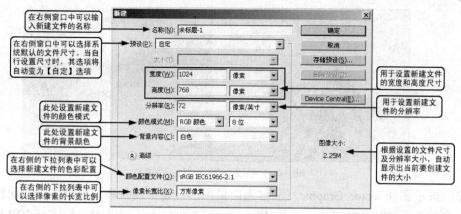

在右侧窗口中可以输入新建文件的名称

在右侧窗口中可以选择系统默认的文件尺寸。当自行设置尺寸时，其选项将自动变为【自定】选项

此处设置新建文件的颜色模式

此处设置新建文件的背景颜色

在右侧的下拉列表中可以选择新建文件的色彩配置

在右侧的下拉列表中可以选择像素的长宽比例

用于设置新建文件的宽度和高度尺寸

用于设置新建文件的分辨率

根据设置的文件尺寸及分辨率大小，自动显示出当前要创建文件的大小

图1-15　【新建】对话框

要点提示

弹出【新建】对话框的方法有 3 种：执行【文件】/【新建】命令；按 Ctrl+N 组合键；按住 Ctrl 键，在工作区中双击。

(2) 将鼠标光标放置在【名称】文本框中，自文字的右侧向左侧拖曳，将文字反白显示，然后任选一种文字输入法，输入"新建文件练习"文字。

(3) 在【宽度】下拉列表中选择"厘米"，然后将【宽度】和【高度】分别设置为"25"和"20"。

(4) 在【颜色模式】下拉列表中选择【RGB 颜色】选项，设置各选项及参数后的【新建】对话框如图 1-16 所示。

(5) 单击 ▨确定▨ 按钮，即可按照设置的选项及参数创建一个新的文件。

(6) 执行【视图】/【标尺】命令，在文件的左侧和上侧即可显示垂直和水平标尺。

(7) 在标尺上按下鼠标左键向文件中拖动，可以在文件中添加垂直和水平方向的参考线，如图 1-17 所示。

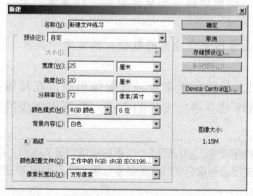

图1-16　设置各选项及参数后的【新建】对话框

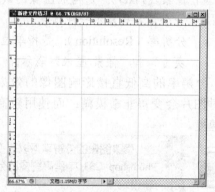

图1-17　添加的参考线

 知识链接

1. 位图和矢量图

(1) 位图（Bitmap）也叫做栅格图像，是由很多个像素组成的，比较适合制作细腻、轻柔缥缈的特殊效果，Photoshop 生成的图像一般都是位图。位图图像放大到一定的倍数后，看到的便是一个一个方形的色块，整体图像也会变得模糊、粗糙，如图 1-18 所示。

图1-18　不同放大倍数时位图的显示效果

（2）矢量图（Vector Graphic）又称为向量图形，是由线条和图块组成的，比较适用于编辑色彩较为单纯的色块或文字，如 Illustrator、PageMaker、FreeHand、CorelDRAW 等绘图软件创建的图形都是矢量图。当对矢量图进行放大后，图形仍能保持原来的清晰度，且色彩不失真，如图 1-19 所示。

图1-19　不同放大倍数时的矢量图显示效果

2．像素与分辨率

像素与分辨率是 Photoshop 中最常用的两个概念，对它们的设置决定了文件的大小及图像的质量。

- 像素（Pixel）：是构成图像的最小单位，位图中的一个色块就是一个像素，且一个像素只显示一种颜色。
- 分辨率（Resolution）：是指单位面积内图像所包含像素的数目，通常用"像素/英寸"和"像素/厘米"表示。

分辨率的高低直接影响图像的效果，使用太低的分辨率会导致图像粗糙，在排版打印时图片会变得非常模糊；而使用较高的分辨率则会增加文件的大小，并降低图像的打印速度。

要点提示　　修改图像的分辨率可以改变图像的精细程度。对以较低分辨率扫描或创建的图像，在 Photoshop CS3 中提高图像的分辨率只能提高每单位图像中的像素数量，却不能提高图像的品质。

3．图像尺寸

图像文件的大小以千字节（KB）和兆字节（MB）为单位，它们之间的大小换算为"1024KB=1MB"。

图像文件的大小是由文件的宽度、高度和分辨率决定的，图像文件的宽度、高度和分辨率数值越大，图像文件也就越大。在 Photoshop CS3 中，图像文件大小的设定如图 1-20 所示。

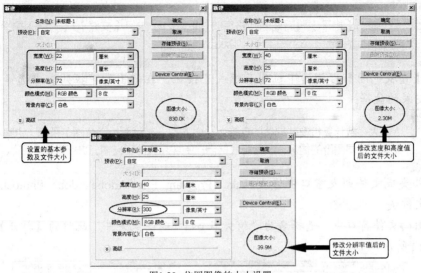

图1-20 位图图像的大小设置

当图像的宽度、高度及分辨率无法符合设计要求时，可以执行【图像】/【图像大小】命令，通过改变宽度、高度及分辨率的分配来重新设置图像的大小。当图像文件大小是定值时，其宽度、高度与分辨率成反比设置，如图1-21所示。

印刷输出的图像分辨率一般为"300 像素/英寸"。在实际工作中，设计人员经常会遇到文件尺寸较大但分辨率太低的情况，此时可

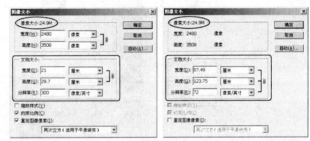

图1-21 修改的图像尺寸及分辨率

以根据图像文件大小是定值，其宽度、高度与分辨率成反比设置的性质，来重新设置图像的分辨率，将宽度、高度降低，提高分辨率，这样就不会影响图像的印刷质量了。

 要点提示　　在改变位图图像的大小时应该注意，当图像由大变小时，其印刷质量不会降低；但当图像由小变大时，其印刷品质将会下降。

1.3.2　打开文件

执行菜单栏中的【文件】/【打开】命令，在 Photoshop CS3 中打开软件自带的一幅名为"消失点.psd"的图像。

【例1-6】　打开文件操作。

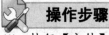 **操作步骤**

(1) 执行【文件】/【打开】命令，将弹出【打开】对话框。

弹出【打开】对话框的方法有 3 种：（1）执行【文件】/【打开】命令；（2）按 Ctrl+O 组合键；（3）在工作区中双击。

(2) 单击【查找范围】右侧的下拉列表框或 ▼ 按钮，在弹出的下拉列表中选择 Photoshop CS3 安装的盘符。

大多数计算机安装软件的盘符为 "C 盘"，若计算机中有两个系统，也有将不同软件安装在不同盘符的情况，读者可根据自己的实际软件安装情况进行选择。

(3) 在文件夹或文件列表窗口中依次双击 "Program Files\Adobe\Adobe Photoshop CS3\样本" 文件夹。

(4) 在弹出的文件窗口中，选择名为 "消失点.psd" 的图像文件，此时的【打开】对话框如图 1-22 所示。

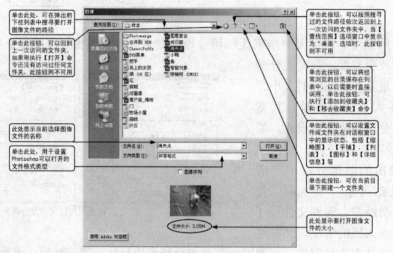

图1-22 【打开】对话框

(5) 单击 打开(0) 按钮，即可将选择的图像文件在工作区中打开。

本节主要介绍了文件的打开方法，在打开某一图像文件之前，首先要确定该文件确实保存在当前计算机中，并且还要知道该文件名称以及文件保存的路径，这样才能顺利地将其打开。

1.3.3 存储文件

读者可自己动手处理一幅图像，然后将其保存。

【例1-7】 直接保存文件。

 操作步骤

(1) 执行【文件】/【存储】命令，弹出【存储为】对话框。

(2) 在【存储为】对话框的【保存在】下拉列表中，选择 本地磁盘 (D:) 保存，在弹出的新【存储为】对话框中，单击【新建文件夹】按钮 ，创建一个新文件夹，如图 1-23 所示。

(3) 在创建的新文件夹中输入"卡通"作为文件夹名称。

(4) 双击刚创建的"卡通"文件夹，将其打开，然后在【文件名】下拉列表中输入"卡通图片"，在【格式】下拉列表中设置为"Photoshop (*.psd;*.PDD)"，如图 1-24 所示。

图1-23 创建的新文件夹

图1-24 文件命名

(5) 输入文件名称后，单击 保存(S) 按钮，就可以保存绘制的图像了。以后按照保存的文件名称及路径就可以打开此文件。

【例1-8】 另一种存储文件的方法。

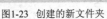 **操作步骤**

(1) 执行【文件】/【打开】命令，打开 Photoshop CS3 自带的"花.spd"文件，打开的图像与【图层】面板形态如图 1-25 所示。

图1-25 打开的图像与【图层】面板

(2) 将鼠标光标放置在【图层】面板中图 1-26 所示的图层上。

(3) 按住鼠标左键，并拖动该图层到如图 1-27 所示的【删除图层】按钮上。

图1-26 鼠标光标放置的位置

图1-27 删除图层状态

(4) 释放鼠标左键，删除图层后的图像效果如图 1-28 所示。

(5) 执行【文件】/【存储为】命令，弹出【存储为】对话框，在【文件名】下拉列表中输入 "花修改" 作为文件名，如图 1-29 所示。

图1-28 删除图层后的图像效果

图1-29 【存储为】对话框

(6) 输入文件名称后，单击 保存(S) 按钮，就保存了修改后的文件。

 知识链接

　　文件的保存命令主要包括【存储】和【存储为】两种方式。对于新建的文件进行编辑后保存，使用【存储】和【存储为】命令的性质是一样的，都是为当前文件命名并进行保存。但对于打开的文件进行编辑后再保存，就要分清用【存储】命令还是【存储为】命令，【存储】命令是将文件以原文件名进行保存，而【存储为】命令是将修改后的文件重命名后进行保存。

　　在文件存储时，需要设置文件的存储格式，Photoshop 可以支持很多种图像文件格式，下面介绍几种常用的文件格式，有助于满足以后读者对图像进行编辑、保存和转换的需要。

- PSD 格式：是 Photoshop 的专用格式，它能保存图像数据的每一个细节，可以存储为 RGB 或 CMYK 颜色模式，也能对自定义颜色数据进行存储。它还可以保存图像中各图层的效果和相互关系，各图层之间相互独立，便于对单独的图层进行修改和制作各种特效。其缺点是存储的图像文件特别大。

- BMP 格式：也是 Photoshop 最常用的点阵图格式之一，支持多种 Windows 和 OS/2 应用程序软件，支持 RGB、索引颜色、灰度和位图颜色模式的图像，但不支持 Alpha 通道。

- TIFF 格式：是最常用的图像文件格式，它既应用于 MAC，也应用于 PC。该格式文件以 RGB 全彩色模式存储，在 Photoshop 中可支持 24 个通道的存储，TIFF 格式是除了 Photoshop 自身格式外，唯一能存储多个通道的文件格式。

- EPS 格式：是 Adobe 公司专门为存储矢量图形而设计的，用于在 PostScript 输出设备上打印，它可以使文件在各软件之间进行转换。

- JPEG 格式：是最卓越的压缩格式。虽然它是一种有损失的压缩格式，但是在图像文件压缩前，可以在文件压缩对话框中选择所需图像的最终质量，这样就有效地控制了 JPEG 在压缩时的数据损失量。JPEG 格式支持 CMYK、RGB 和灰度颜色模式的图像，不支持 Alpha 通道。

- GIF 格式：此格式的文件是 8 位图像文件，几乎所有的软件都支持该格式。它能存储成背景透明化的图像形式，所以这种格式的文件大多用于网络传输，并且可以将多张图像存储成一个档案，形成动画效果。但它最大的缺点是只能处理 256 种色彩的。

- AI 格式：AI 格式是一种矢量图形格式，在 Illustrator 中经常用到，它可以把 Photoshop 中的路径转化为 "*.AI" 格式，然后在 Illustrator、CorelDRAW 中将文件打开，并对其进行颜色和形状的调整。
- PNG 格式：可以使用无损压缩方式压缩文件，支持带一个 Alpha 通道的 RGB 颜色模式、灰度模式及不带 Alpha 通道的位图、索引颜色模式。它产生的透明背景没有锯齿边缘，但一些较早版本的 Web 浏览器不支持 PNG 格式。

1.4 图像文件的颜色设置

本节将介绍图像文件的颜色设置。颜色设置的方法有 3 种：在【拾色器】对话框中设置颜色；在【颜色】面板中设置颜色；在【色板】面板中设置颜色。下面分别详细介绍。

命令简介

- 【窗口】/【颜色】命令：在 Photoshop CS3 工作区中，显示或隐藏【颜色】面板。
- 【编辑】/【填充】命令：使用此命令可以在当前图像中填充颜色或图案。

1.4.1 颜色设置

下面分别利用【拾色器】对话框、【颜色】面板和【色板】面板设置颜色。

【例1-9】 在【拾色器】对话框中设置颜色。

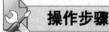
操作步骤

(1) 单击工具箱中图 1-30 所示的前景色或背景色窗口，弹出如图 1-31 所示的【拾色器】对话框。

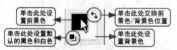

图1-30 前景色和背景色设置窗口

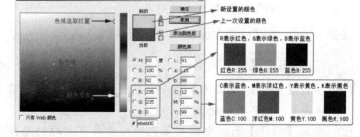

图1-31 【拾色器】对话框

(2) 在【拾色器】对话框的颜色域或颜色滑条内单击，可以将单击位置的颜色设置为需要的颜色。

(3) 在对话框右侧的参数设置区中，选择一组选项并设置相应的参数值，即可得到所需要的颜色。在设置颜色时，如最终作品用于彩色印刷，通常选择 CMYK 颜色模式设置颜色，即通过设置【C】、【M】、【Y】、【K】4 种颜色值来设置；如最终作品用于网络，即在计算机屏幕上观看，通常选择 RGB 颜色模式，即通过设置【R】、【G】、【B】3 种颜色值来设置。

当改变工具箱中的前景色和背景色之后，单击【切换前景色和背景色】按钮 ↰ 或按 X 键可以交换前景色和背景色的位置；单击【默认前景色和背景色】按钮 ■ 或按 D 键可以设置为默认的前景色和背景色，即将前景色设置为黑色，背景色设置为白色。

 知识链接

　　颜色模式是指同一属性下不同颜色的集合，它使用户在使用各种颜色进行显示、印刷及打印时，不必重新调配颜色就可以直接进行转换和应用。计算机软件系统为用户提供的颜色模式主要有 RGB 颜色模式、CMYK 颜色模式、Lab 颜色模式和位图模式、灰度（Grayscale）模式、索引颜色（Index）模式等。每一种颜色模式都有它的使用范围和特点，并且各颜色模式之间可以根据处理图像的需要进行转换。

- RGB（光色）模式：该模式的图像是由红（R）、绿（G）、蓝（B）3 种颜色构成，大多数显示器均采用此种色彩模式。
- CMYK（4 色印刷）模式：该模式的图像是由青（C）、洋红（M）、黄（Y）、黑（K）4 种颜色构成，主要用于彩色印刷。在制作印刷用文件时，最好将其保存成 TIFF 格式或 EPS 格式，它们都是印刷厂支持的文件格式。
- Lab（标准色）模式：该模式是 Photoshop 的标准色彩模式，也是由 RGB 模式转换为 CMYK 模式的中间模式。它的特点是在使用不同的显示器或打印设备时，所显示的颜色都是相同的。
- Grayscale（灰度）模式：该模式的图像由具有 256 级灰度的黑白颜色构成。一幅灰度图像在转变成 CMYK 模式后可以增加色彩。如果将 CMYK 模式的彩色图像转变为灰度模式，则颜色不能再恢复。
- Bitmap（位图）模式：该模式的图像由黑白两色构成，图像不能使用编辑工具，只有灰度模式才能转变成 Bitmap 模式。
- Index（索引）模式：该模式又叫做图像映射色彩模式，这种模式的像素只有 8 位，即图像只有 256 种颜色。

【例1-10】　在【颜色】面板中设置颜色。

 操作步骤

(1) 执行【窗口】/【颜色】命令，将【颜色】面板显示在工作区中。如该命令前面已经有 ✓ 符号，则不执行此操作。

(2) 确认【颜色】面板中的前景色块处于具有方框的选择状态，利用鼠标任意拖动右侧的【R】、【G】、【B】颜色滑块，即可改变前景色的颜色。

(3) 将鼠标光标移动到下方的颜色条中，鼠标光标将显示为吸管形态，在颜色条中单击即可将单击处的颜色设置为前景色，如图 1-32 所示。

(4) 在【颜色】面板中单击背景色块，使其处于选择状态，然后利用设置前景色的方法即可设置背景色，如图 1-33 所示。

(5) 在【颜色】面板的右上角单击 ▾≡ 按钮，在弹出的选项列表中选择【CMYK 滑块】选项，【颜

图1-32　利用【颜色】面板设置前景色时的状态

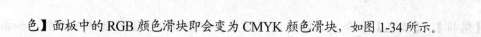

色】面板中的 RGB 颜色滑块即会变为 CMYK 颜色滑块，如图 1-34 所示。

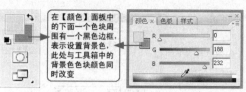

在【颜色】面板中的下面一个色块周围有一个黑色边框，表示设置背景色，此处与工具箱中的背景色块颜色同时改变

图1-33 利用【颜色】面板设置背景色时的状态

图1-34 CMYK 颜色面板

(6) 拖动【C】、【M】、【Y】、【K】颜色滑块，就可以用 CMYK 模式设置背景颜色。

 案例小结　　本例介绍了利用【颜色】面板设置颜色的方法，在设置时，按住 Alt 键在颜色条中单击，可将单击处的颜色设置为背景色；同理，设置背景色时，按住 Alt 键在颜色条中单击，可将单击处的颜色设置为前景色。

【例1-11】 在【色板】面板中设置颜色。

 操作步骤

(1) 在【颜色】面板中选择【色板】选项卡，显示【色板】面板。

(2) 将鼠标光标移动至【色板】面板中，鼠标光标变为如图 1-35 所示的吸管形状。

(3) 在【色板】面板中需要的颜色上单击鼠标左键，即可将前景色设置为选择的颜色。

(4) 按住 Alt 键，在【色板】面板中需要的颜色上单击鼠标左键，即可将背景色设置为选择的颜色。

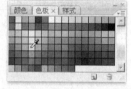

图1-35 鼠标光标变为吸管形状

 案例小结　　【色板】面板中的颜色是软件自带的一些常用的标准颜色。根据实际工作需要，读者也可以将自己设置的颜色保存在【色板】面板中，其方法是设置好前景色后，在【色板】面板下面没有颜色的灰色位置单击鼠标左键，即可将设置的颜色保存在【色板】面板中。

1.4.2　颜色填充

前面介绍了颜色的不同设置方法，本小节介绍颜色的填充方法。关于颜色的填充，在 Photoshop CS3 中有 3 种方法：利用菜单命令进行填充；利用快捷键进行填充；利用【油漆桶】工具进行填充。

【例1-12】 填充颜色的操作。

分别利用菜单命令、快捷键和工具箱对指定的选区进行颜色填充。

 操作步骤

(1) 执行【文件】/【新建】命令，新建【宽度】为"12 厘米"、【高度】为"12 厘米"、【分辨率】为"72 像素/英寸"、【背景色】为"白色"的文件。

(2) 在【图层】面板底部单击 按钮新建"图层 1"，在【色板】面板中选择图 1-36 所示的颜色。

(3) 选择【椭圆选框】工具 ○，按住 Shift 键，在新建文件中按下鼠标左键并拖曳，绘制一个圆形选区，如图 1-37 所示。

(4) 执行【编辑】/【填充】命令，在弹出的【填充】对话框中设置各选项及参数，如图
1-38 所示。

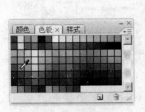

图1-36 选择颜色

图1-37 绘制的圆形选区

图1-38 【填充】对话框

(5) 单击 确定 按钮，填充颜色后的效果如图 1-39 所示。

(6) 执行【选择】/【取消选择】命令（快捷键为 Ctrl + D 组合键），将选区去除。

(7) 在工具箱中的【自定形状】工具 上按住鼠标左键，在弹出的工具组中选择【直线】
工具 ，单击属性栏中的【填充像素】按钮 ，设置 粗细: 4 px 选项的参数为 "4 px"。

(8) 在圆形周围绘制出图 1-40 所示的直线。

(9) 在【图层】面板中创建 "图层 2"，按住 Shift 键，利用 工具绘制一个大的圆形选
区，如图 1-41 所示。

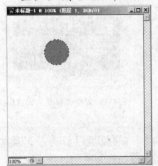

图1-39 填充红颜色后的效果

图1-40 绘制的直线

图1-41 绘制的选区

(10) 在【色板】面板中选择图 1-42 所示的颜色。

(11) 按 Alt + Delete 组合键，将选区填充黄色，效果如图 1-43 所示。

(12) 在【图层】面板中将【不透明度】设置为 "50%"，如图 1-44 所示，使 "图层 2" 中的
图形显示透明效果，辅助读者观察下面步骤中绘制矩形选区的位置。

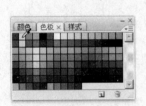

图1-42 选择颜色

图1-43 填充的颜色效果

图1-44 设置不透明参数

(13) 选择【矩形选框】工具 ，绘制图 1-45 所示的矩形选区。

(14) 按 Delete 键，删除圆形的左半边部分，然后将【图层】面板中的【不透明度】参数再
设置为 "100%"，此时的效果如图 1-46 所示。

(15) 按 Ctrl + D 组合键，将选区去除。

(16) 在【图层】面板中创建 "图层 3"，然后绘制图 1-47 所示的圆形选区。

图1-45 绘制的选区

图1-46 删除图形后的效果

图1-47 绘制的选区

(17) 按 D 键，将工具箱中的前景色与背景色分别设置为黑色和白色。

(18) 按 X 键，将工具箱中前景色与背景色的位置交换。

(19) 在工具箱中的【渐变】工具 ■ 上按住鼠标左键，在弹出的工具组中选择 ◌ （油漆桶）工具。

(20) 将鼠标移动到圆形选区里面，鼠标光标则会变为油漆桶形态。

(21) 单击鼠标左键，给圆形选区填充白色，效果如图 1-48 所示。

(22) 选择 ◌ 工具，将光标放置在选区内部，按住鼠标左键并拖曳，将选区移动到图 1-49 所示的位置。

图1-48 填充白色后效果

图1-49 移动选区的位置

(23) 按 Delete 键删除选区内的白色，得到月牙图形，如图 1-50 所示。

(24) 利用 ◌ 工具，再绘制出 3 个小的白色圆形，如图 1-51 所示。

图1-50 得到的月牙图形

图1-51 绘制的小圆形

(25) 至此，颜色填充练习操作完成。按 Ctrl + S 组合键将此文件命名为"颜色填充练习.psd"保存。

 　　本案例介绍了颜色填充的 3 种方法，最常用的还是快捷键填充操作，希望读者能够灵活掌握。

1.5 图像的缩放显示

在绘制图形或处理图像时，经常需要将图像放大、缩小或平移显示，以便观察图像的每一个细节或整体效果。

【例1-13】 利用【缩放】工具查看打开的图像文件。

 操作步骤

(1) 执行【文件】/【打开】命令，打开素材文件中名为"T1-01.jpg"的图片文件。

(2) 选择【缩放】工具 🔍，在打开的图片中按住鼠标左键向右下角拖曳，将出现一个虚线形状的矩形框，如图 1-52 所示。

(3) 释放鼠标左键，放大后的画面形态如图 1-53 所示。

(4) 选择【抓手】工具 🖐，将鼠标光标移动到画面中，鼠标光标将变成 🖐 形状，按住鼠标左键并拖曳，可以平移画面观察其他位置的图像，如图 1-54 所示。

 要点提示　利用 🔍 工具将图像放大后，图像在窗口中将无法完全显示，此时可以利用 🖐 工具平移图像，对图像进行局部观察。【缩放】工具和【抓手】工具通常配合使用。

图1-52 拖曳鼠标状态

图1-53 放大后的画面

图1-54 平移图像窗口状态

(5) 选择 🔍 工具，将鼠标光标移动到画面中，按住 Alt 键，鼠标光标变为 🔍 形状，单击鼠标左键可以将画面缩小显示，以观察画面的整体效果。

 知识链接

本案例主要介绍了【缩放】工具 🔍 和【抓手】工具 🖐 的基本使用方法，下面介绍它们各自属性栏的选项设置。

1. 【缩放】工具 🔍 和【抓手】工具 🖐 的属性栏

【缩放】工具 🔍 和【抓手】工具 🖐 的属性栏基本相同，【缩放】工具的属性栏如图 1-55 所示。

図1-55　【缩放】工具的属性栏

- 【放大】按钮：激活此按钮，在图像窗口中单击，可以将图像窗口中的画面放大显示，最高放大级别为 1600%。
- 【缩小】按钮：激活此按钮，在图像窗口中单击，可以将图像窗口中的画面缩小显示。
- 【调整窗口大小以满屏显示】：勾选此复选框，当对图像进行缩放时，软件会自动调整图像窗口的大小，使其与当前图像适配。
- 【缩放所有窗口】：当工作区中打开多个图像窗口时，选择此选项或按住 Shift 键，缩放操作可以影响到工作区中的所有图像窗口，即同时放大或缩小所有图像文件。
- 实际像素 按钮：单击此按钮，图像恢复原大小，以实际像素尺寸显示，即以 100%比例显示。
- 适合屏幕 按钮：单击此按钮，图像窗口根据绘图窗口中剩余空间的大小，自动调整图像窗口大小及图像的显示比例，使其在不与工具栏和控制面板重叠的情况下，尽可能地放大显示。
- 打印尺寸 按钮：单击此按钮，图像将显示打印尺寸。

2. 和 工具的快捷键

(1) 工具的快捷键。

- 按 Ctrl ++组合键，可以放大显示图像；按 Ctrl +-组合键，可以缩小显示图像；按 Ctrl + O 组合键，可以将图像窗口内的图像自动适配至屏幕大小显示。
- 双击工具栏中的 工具，可以将图像窗口中的图像以实际像素尺寸显示，即以 100%比例显示。
- 按住 Alt 键，可以将当前的放大显示工具切换为缩小显示工具。
- 按住 Ctrl 键，可以将当前的【缩放】工具切换为 （移动）工具，松开 Ctrl 键后，即恢复到【缩放】工具。

(2) 工具的快捷键。

- 双击 工具，可以将图像适配至屏幕大小显示。
- 按住 Ctrl 键，在图像窗口中单击，可以对图像放大显示；按住 Alt 键，在图像窗口中单击，可以对图像缩小显示。
- 无论当前哪个工具按钮处于被选择状态，按住键盘上的空格键，都可以将当前工具切换为【抓手】工具。

1.6　图像的输入与输出

命令简介

- 【文件】/【导入】/【EPSON Perfection V10/v100】命令：进入所选择的扫描仪

参数设置对话框，进行图片扫描参数设置和扫描命令的执行。

- 【文件】/【打印】命令：进入打印机参数设置对话框，进行图片打印参数设置和打印命令的执行。

1.6.1　图像的输入

【例1-14】　使用扫描仪扫描图片。

 操作步骤

(1)　打开扫描仪电源开关，启动 Photoshop CS3。

(2)　将准备好的图片放入扫描仪的玻璃板上。

(3)　在 Photoshop CS3 中，执行【文件】/【导入】/【EPSON Perfection V10/v100】命令，弹出图 1-56 所示的【EPSON Scan】扫描参数设置窗口及【预览】窗口。

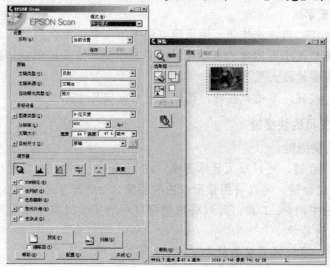

图1-56　【EPSON Scan】窗口及【预览】窗口

 要点提示　只有在计算机安装了扫描仪驱动程序后，此命令才可以执行。由于计算机所连接的扫描仪不同，安装驱动程序后此处所显示的命令也会有所不同。另外，在【预览】窗口中看到的图像是上一次使用扫描仪时保留下来的图像。

(4)　在【EPSON Scan】参数设置窗口中单击 [预览(P)] 按钮，放入扫描仪中的图像就会显示在该窗口中，如图 1-57 所示。

(5)　在【预览】窗口中绘制选区将所要扫描的图像部分选取，如图 1-58 所示。

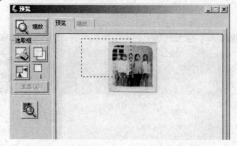

图1-57　【预览】窗口中显示的扫描图像

图1-58　选取的图像

(6) 在扫描参数设置对话框中，根据原图像的质量以及不同的印刷要求，可以分别设置和调整扫描图像的分辨率、图像尺寸、曝光度、色彩和添加滤镜效果等。

(7) 单击 按钮或执行【扫描】命令，扫描完成后的图像将显示在 Photoshop CS3 窗口中。

(8) 单击 关闭(C) 按钮退出扫描参数设置窗口，扫描完成的图像如图 1-59 所示。

图1-59　扫描完成的图像

 案例小结　　本案例介绍了图像的扫描方法。由于目前市场上扫描仪的种类、型号众多，每一种扫描仪所安装的驱动程序也有所不同，可能与书中所介绍的扫描仪对话框界面略有差别，但其基本功能和使用方法都是相同的，希望读者能够灵活掌握。

1.6.2　图像的输出

【例1-15】　使用打印机打印素材文件中名为"T1-02.jpg"的图片文件。

操作步骤

(1) 进入 Photoshop CS3。打开打印机电源开关，确认打印机处于联机状态。

(2) 在打印机放纸夹中放一张 A4（210mm×297mm）尺寸的普通打印纸。

(3) 在 Photoshop CS3 中执行【文件】/【打开】命令，打开素材文件中名为"T1-02.jpg"的图片文件，如图 1-60 所示。

(4) 执行【图像】/【图像大小】命令，在弹出的【图像大小】对话框中设置其参数，如图 1-61 所示，然后单击 确定 按钮。

图1-60　打开的图片

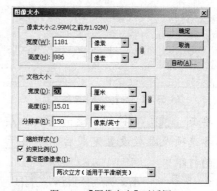

图1-61　【图像大小】对话框

在【图像大小】对话框中，可以为将要打印的图像设置尺寸、分辨率等参数。当将【重定图像像素】复选框的勾选状态取消之后，打印尺寸的宽度、高度与分辨率参数将成反比例设置。

(5) 执行【文件】/【打印】命令，弹出图 1-62 所示的【打印】对话框。

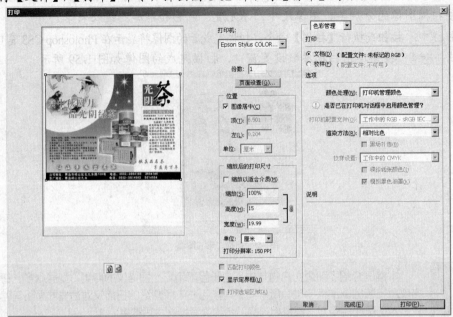

图1-62 【打印】对话框

(6) 单击 页面设置(G)... 按钮，弹出【布局】对话框，将页面的方向设置为【横向】，如图 1-63 所示。

(7) 选择【纸张/质量】选项卡，根据打印需要分别设置【媒体】、【质量设置】和【颜色】选项，如图 1-64 所示。

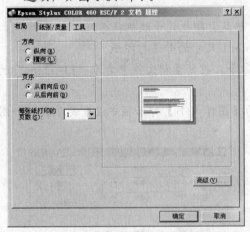

图1-63 【布局】选项卡选项设置

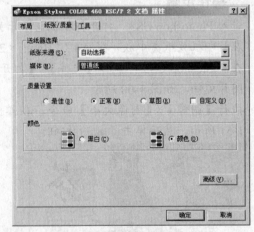

图1-64 【纸张/质量】选项卡选项设置

(8) 单击 确定 按钮，退出【纸张/质量】选项卡。

(9) 各选项及参数设置完成后，单击 打印(P)... 按钮，即可完成 "T1-02.jpg" 图片的打印。

案例小结

　　本案例介绍了图像的打印方法。由于目前市场上打印机的种类、型号众多，每一种打印机所打印输出的图像质量各不相同，其所安装的驱动程序也有所不同，可能与书中所介绍的【打印】对话框界面略有差别，但其基本功能和使用方法还是相同的，希望读者能够灵活掌握。

小结

　　本章首先对 Photoshop CS3 的启动和退出做了介绍，其中对 Photoshop CS3 的工作界面分区进行了细致的介绍。在对窗口的介绍中，主要针对窗口的大小调整，控制面板的显示、隐藏及拆分、组合等进行了详细的介绍。然后介绍了文件的新建、打开及存储等基本操作，颜色的设置和填充，图形图像的缩放显示、输入、输出及一系列辅助工具的使用方法。通过本章的介绍，希望读者对 Photoshop CS3 能有一个系统的了解，并掌握该软件启动和退出的正确方法，了解工作界面各分区的主要功能和作用及窗口和控制面板的调整等操作。熟练掌握各种操作步骤及工具按钮的使用方法，在以后文件的处理或者进行文件的输入与输出操作时能够运用自如。

习题

一、简答题

1. 简述【存储】与【存储为】命令的区别。
2. 简述什么是色彩模式。
3. 简述像素与分辨率的概念。
4. 简述矢量图与位图的性质。

二、操作题

1. 根据 1.2.1 小节介绍的知识点练习 Photoshop CS3 窗口大小的调整方法。
2. 根据 1.2.3 小节介绍的知识点练习控制面板的拆分与组合方法。
3. 用本章介绍的工具，绘制图 1-65 所示的标志图形。

图1-65　标志图形

第2章 选区和【移动】工具的应用

在利用 Photoshop 处理图像时，经常会遇到需要局部处理图像的情况，此时运用选区选定图像的某个区域再进行操作是一个很好的方法。Photoshop CS3 提供的选区工具有很多种，利用它们可以按照不同的形式来选定图像的局部进行调整或添加效果，这样就可以有针对性地编辑图像了。本章主要介绍选区和【移动】工具的使用方法。

学习目标

- 学会【矩形选框】工具、【椭圆选框】工具和【魔棒】工具的使用方法。
- 学会【套索】工具、【多边形套索】工具和【磁性套索】工具的使用方法。
- 学会【选择】菜单部分命令的运用。
- 学会利用【移动】工具移动和复制图像的方法。
- 学会图像的变形操作。

2.1 选区工具应用

Photoshop CS3 提供了很多创建选区的工具，最简单的是【矩形选框】工具和【椭圆选框】工具，此外还包括【套索】工具、【多边形套索】工具和【磁性套索】工具，还有根据颜色的差别来添加选区的【魔棒】工具。

命令简介

- 【矩形选框】工具：利用此工具可以在图像中建立矩形或正方形选区。
- 【椭圆选框】工具：利用此工具可以在图像中建立椭圆形或圆形选区。
- 【套索】工具：利用此工具，可以在图像中按照鼠标光标拖曳的轨迹绘制选区。
- 【多边形套索】工具：利用此工具可以通过连续单击的轨迹生成选区。
- 【磁性套索】工具：利用此工具可以在图像中根据颜色差别自动勾画出选区。
- 【快速选择】工具：利用此工具可以灵活、快捷地选取图像中面积较大的单色颜色区域。
- 【魔棒】工具：利用此工具在要选择的图像上单击，可以在与鼠标光标单击处颜色相近的位置添加选区。
- 【抓手】工具：可以将放大后的图像在窗口中平移。

- 【图像】/【调整】/【曲线】命令：可以调整图像的对比度、亮度以及按照指定的通道来调整颜色。
- 【图像】/【调整】/【色相/饱和度】命令：可以调整图像单种颜色的色相、饱和度、明度。当在弹出的【色相/饱和度】对话框中勾选【着色】复选框时，可以调整整个图像的色相、饱和度、明度。
- 【编辑】/【描边】命令：可以给除背景层外图层中的图像或选区描边。
- 【图层】/【新建】/【通过复制的图层】命令：可以将选区内的图像通过复制生成独立的图层。
- 【图层】/【图层样式】/【投影】命令：可以给除背景层外图层中的图像添加投影效果。
- 【编辑】/【自由变换】命令：可以对当前图层或选区内的图像进行缩放、旋转等变换操作，快捷键为 $\boxed{Ctrl}$+$\boxed{T}$ 组合键。
- 【视图】/【按屏幕大小缩放】命令：按照屏幕工作区的大小缩放图像窗口的显示比例。
- 【图像】/【调整】/【色彩平衡】命令：可以按照图像的暗调、中间调和高光来调整图像的颜色。
- 【选择】/【修改】命令：可以对创建的选区进行扩边、平滑、扩展、收缩和羽化等参数设置。
- 【滤镜】/【模糊】/【高斯模糊】命令：可以将图像进行模糊处理。

2.1.1 【矩形选框】工具的应用

【例2-1】 利用工具箱中的 工具以及常用的几个菜单命令制作图 2-1 所示的边框效果。

操作步骤

(1) 执行【文件】/【打开】命令，打开素材文件中名为"儿童.jpg"的图片文件，如图 2-2 所示。

图2-1 制作完成的边框效果

图2-2 打开的图片

(2) 选择 工具，在绘图窗口中的左上角位置按下鼠标左键向右下角拖曳绘制出图 2-3 所示的矩形选区。

(3) 执行【图像】/【调整】/【曲线】命令，弹出【曲线】对话框，通过调整曲线的形态来查看选区内图像的明暗变化，调整后的曲线状态如图 2-4 所示。

(4) 单击 确定 按钮，确定画面明暗对比度的调整，调整后的画面效果如图2-5所示。

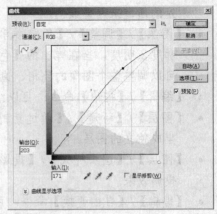

图2-3　绘制的矩形选区　　　　　　　　　　　　图2-4　【曲线】对话框

(5) 执行【选择】/【反向】命令，将选区反选，反选后的选区形态如图2-6所示。

图2-5　调整后的画面效果　　　　　　　　　　图2-6　反选后的选区形态

(6) 执行【图像】/【调整】/【色相/饱和度】命令，在弹出的【色相/饱和度】对话框中设置【饱和度】参数如图2-7所示。

(7) 单击 确定 按钮，调整后的画面效果如图2-8所示。

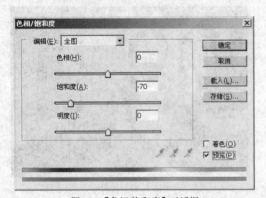

图2-7　【色相/饱和度】对话框　　　　　　　　图2-8　调整后的画面效果

(8) 再次执行【选择】/【反向】命令，将选区再反转回原来的状态，如图2-9所示。

(9) 将前景色设置为白色，然后执行【编辑】/【描边】命令，弹出【描边】对话框，设置参数与选项如图2-10所示。

图2-9 反选后的选区形态

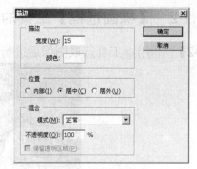
图2-10 【描边】对话框

(10) 单击  按钮，为选区描边后的效果如图 2-11 所示。

(11) 执行【图层】/【新建】/【通过复制的图层】命令，将选区内的图像复制生成"图层1"。

(12) 执行【图层】/【图层样式】/【投影】命令，弹出【图层样式】对话框，设置各项参数如图 2-12 所示。

图2-11 描边后的效果

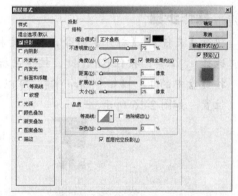
图2-12 【图层样式】对话框

(13) 单击 按钮，添加投影样式后的效果如图 2-13 所示。

图2-13 添加投影样式后的效果

(14) 执行【文件】/【存储为】命令，将此文件命名为"边框制作.psd"保存。

案例小结

　　本案例主要介绍了 工具的基本使用方法，该工具的使用方法非常简单，在实际工作中也会经常用到，希望读者能够将其熟练掌握。

2.1.2 【椭圆选框】工具的应用

【例2-2】 利用  工具选取图像后进行复制操作，制作出如图2-14所示的效果。

图2-14 原素材图片与复制后的效果

操作步骤

(1) 执行【文件】/【打开】命令，打开素材文件中名为"踢球.jpg"的图片文件。

(2) 选择 ○ 工具，按住 Shift 键，按住鼠标左键拖曳，绘制出如图2-15所示的圆形选区。

(3) 按键盘中的 ↑、↓、← 和 → 键，可以在选区的上、下、左、右方向来精确调整选区的位置，如图2-16所示。

图2-15 绘制的圆形选区   图2-16 调整位置后的选区形态

(4) 选择 ⊕ 工具，按住 Alt 键，在选区内按住鼠标左键并拖曳，移动复制选择的球形，其状态如图2-17所示。

(5) 执行【编辑】/【自由变换】命令（快捷键为 Ctrl + T 组合键），为选择的球形添加自由变换选框，并按住 Shift 键，将鼠标光标放置在变换框左上角的控制点上，按住鼠标左键向右下方拖曳，将图片等比例缩小，如图2-18所示。

图2-17 移动复制图像时的状态   图2-18 缩小后的图像形态

(6) 单击属性栏中的【进行变换】按钮 ✔，确认图片放大操作。

(7) 按住 Alt 键，在选区内按住鼠标左键并拖曳，移动复制选择的球形，复制出的球形如图 2-19 所示。

(8) 按 Ctrl+T 组合键，为复制出的球形添加自由变换框，并将其调整至如图 2-20 所示的 形态，然后按 Enter 键，确认图像的变换操作。

图2-19　复制出的球形

图2-20　调整后的图像形态

(9) 使用相同的复制和大小变换操作方法，在画面中再复制出 3 个球，缩小后放置在 图 2-21 所示的画面位置。

图2-21　复制出的球放置的位置

(10) 按 Shift+Ctrl+S 组合键，将此文件另命名为 "复制球.jpg" 保存。

 知识链接

本案例主要学习了 ◯ 工具的基本使用方法及结合键盘的使用操作。工具箱中的 ▭ 和 ◯ 工具具有相同的属性栏，在属性栏中有很多选项和按钮，这些选项和按钮对于工具的使 用有很大的辅助作用，下面分别介绍其功能。

(1) ▭ 和 ◯ 工具的属性栏如图 2-22 所示。

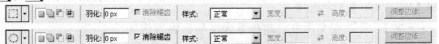

图2-22　【矩形选框】工具和【椭圆选框】工具的属性栏

- 【新选区】按钮 ▣：默认状态下此按钮处于激活状态，此时在图像中依次绘制 选区时，图像文件中将始终保留最后一次绘制的选区。

- 【添加到选区】按钮 ▣：激活此按钮，在图像中依次绘制选区，新建的选区将 与先绘制的选区合并为一个选区，如图 2-23 所示。

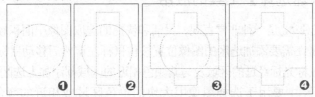

图2-23　添加到选区操作示意图

- 【从选区减去】按钮 ▣：激活此按钮，在图像中依次绘制选区，如果新建的选

第 2 章　选区和【移动】工具的应用

31

区与先绘制的选区有相交部分，则从先绘制的选区中减去相交部分，并将剩余的选区作为新选区，如图 2-24 所示。

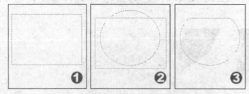

图2-24 从选区中减去操作示意图

- 【与选区交叉】按钮 ▣：激活此按钮，在图像中依次绘制选区，如果新建的选区与先绘制的选区有相交部分，将把相交部分作为一个新选区，如图 2-25 所示。如果新选区与先绘制的选区没有相交部分，将弹出如图 2-26 所示的警告对话框，警告未选择任何像素。

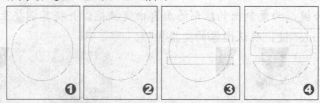

图2-25 与选区交叉操作示意图

图2-26 警告对话框

- 【羽化】：其绘制出的选区具有一种羽化的性质。当给具有羽化性质的选区填充颜色时，可以使选区边缘填充的颜色产生一种过渡消失的虚化效果。此功能与菜单栏中的【选择】/【修改】/【羽化】命令相同，只是此选项要在绘制选区之前设置，而【羽化】命令是在有选区的情况下才能执行。
- 【消除锯齿】：由于构成图像的像素点是方形的，所以在编辑圆形或弧形图像时，其边缘会出现锯齿效果。勾选此复选框，可以通过淡化边缘使锯齿边缘变得平滑。注意，此选项不可用于【矩形选框】工具。

(2) 属性栏中的【样式】选项如下。

【样式】选项主要用于控制选框的形状，在其右侧的下拉列表中包括【正常】、【固定长宽比】和【固定大小】3 个选项。

- 【正常】：可以在文件中创建任意大小和比例的选区。
- 【固定长宽比】：可以在【样式】选项后的【宽度】和【高度】文本框中设定数值，来约束所绘制选区的宽度和高度比。
- 【固定大小】：可以在【样式】选项后的【宽度】和【高度】文本框中，设定将要创建选区的固定宽度和高度值，其单位为"像素"。

2.1.3 【快速选择】工具的应用

【快速选择】工具 ✎ 是一种非常直观、灵活和快捷的选取图像中面积较大的单色颜色区域的工具。其使用方法是在需要添加选区的图像位置按住鼠标左键然后移动鼠标，即像利用【画笔】工具绘画一样，将鼠标光标经过的区域及与其颜色相近的区域都添加上选区，如图 2-27 所示。

【魔棒】工具 ✎ 主要用于选择图像中大块的单色区域或相近的颜色区域。其使用方法非常简单，只需在要选择的颜色范围内单击，即可将图像中与鼠标落点相同或相近的颜色区域全部选择，如图 2-28 所示。

图2-27 【快速选择】工具添加的选区

图2-28 利用【魔棒】工具添加的选区

【例2-3】 利用 工具选择人物的衣服后调整颜色，如图 2-29 所示。

图2-29 原素材图片与效果

操作步骤

(1) 打开素材文件中名为"儿童 03.jpg"的图片文件。

(2) 选择 工具，在属性栏中单击【画笔】右侧的 图标，在【笔头设置】面板中设置 【主直径】参数如图 2-30 所示。

(3) 在儿童的上衣位置按下鼠标左键，创建选区，如图 2-31 所示。

(4) 继续按住鼠标左键在上衣中移动，可以增加选区的范围，如图 2-32 所示。

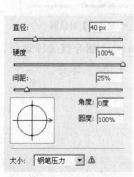

图2-30 【笔头设置】面板　　　　图2-31 创建的选区　　　　图2-32 增加的选区范围

(5) 继续移动鼠标的位置，直至把上衣全部选择，如图 2-33 所示。

　　在图 2-35 中，会发现人物颈部的一部分也包含在选区之内和有部分衣服没被选择，下面利用 和 按钮将选区进行编辑。

(6) 选择 工具，在人物颈部的左上方按住鼠标左键并向右下角拖曳，局部放大图像，这样可以方便读者修改选区，放大显示图像时的状态如图 2-34 所示。

(7) 选择 工具，激活属性栏中的 按钮，然后单击【画笔】右侧的 图标，在【笔头设置】面板中将【直径】参数设置为 "20 px"。

(8) 在颈部位置的选区内按下鼠标左键来修剪选区，修剪后的选区形态如图 2-35 所示。

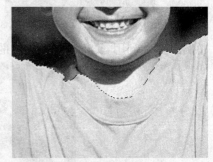

图2-33 添加的选区　　　　　图2-34 放大显示图像时的状态　　　　　图2-35 修剪后的选区形态

(9) 激活属性栏中的 按钮，在衣服没被选择的位置按下鼠标左键来添加选区，添加的选区形态如图 2-36 所示。

至此，完成衣服的选取操作，下面来调整衣服的颜色。

(10) 执行【视图】/【按屏幕大小缩放】命令，使画面适合屏幕大小来显示。

(11) 执行【图像】/【调整】/【色相饱和度】命令，弹出【色相/饱和度】对话框，设置各项参数如图 2-37 所示。

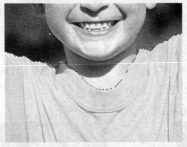
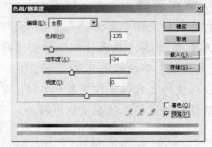

图2-36 添加的选区形态　　　　　　　　　　　　图2-37 【色相/饱和度】对话框

(12) 单击 确定 按钮，衣服调整颜色后的效果如图 2-38 所示，按 Ctrl+D 组合键去除选区。

(13) 按 Shift+Ctrl+S 组合键，将此文件另命名为 "快速选择工具练习.jpg" 保存。

图2-38 衣服调整颜色后的效果

知识链接

本案例主要学习了 和 工具的使用方法，利用这两个工具可以快速地选择图像中颜色较单纯的区域，以便来快速地编辑图像。下面分别介绍一下这两个工具的属性栏以及【选择】/【修改】菜单下几个常用编辑选区的命令。

(1) 【快速选择】工具的属性栏如图 2-39 所示。

图2-39 【快速选择】工具的属性栏

- 【新选区】按钮 ：默认状态下此按钮处于激活状态，此时在图像中按住鼠标左键拖曳可以绘制新的选区。
- 【添加到选区】按钮 ：当使用 按钮添加选区后会自动切换到此按钮为激活状态，按住鼠标左键在图像中拖曳，可以增加图像的选取范围，如图 2-40 所示。

图2-40 添加选区操作示意图

- 【从选区减去】按钮 ：激活此按钮，可以将图像中已有的选区按照鼠标拖曳的区域来减少被选取的范围。
- 【画笔】选项：用于设置所选范围区域的大小。
- 【对所有图层取样】选项：勾选此复选框，在绘制选区时，将应用到所有可见图层中。
- 【自动增强】选项：设置此选项，添加的选区边缘会减少锯齿效果的粗糙度，且自动将选区向图像边缘进一步扩展并应用一些边缘调整。
- 调整边缘... 按钮：在图像中添加选区后单击此按钮，将弹出图 2-41 所示的【调整边缘】对话框，通过此对话框可以直观地给选区手动设置【半径】、【对比度】、【平滑】、【羽化】、【收缩/扩展】以及选取图像范围的预览方式等。

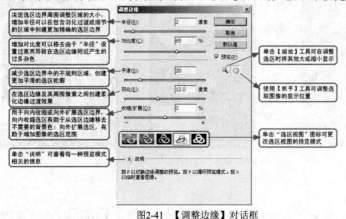
图2-41 【调整边缘】对话框

(2) 【魔棒】工具的属性栏如图 2-42 所示。

图2-42　【魔棒】工具的属性栏

- 【容差】选项：决定创建选区的范围大小。数值越大，选择范围越大。
- 【连续】选项：当勾选此复选框后，在图像中只能选择与鼠标单击处颜色相近且相连的部分；当不勾选此复选框时，在图像中则可以选择所有与鼠标单击处颜色相近的部分。
- 【对所有图层取样】选项：勾选此复选框，在图像文件中可选择所有图层可见部分中颜色相近的部分；不勾选此复选框，将只选择当前图层可见部分中颜色相近的部分。

(3) 在菜单栏中的【选择】/【修改】子菜单中，包括【边界】、【平滑】、【扩展】、【收缩】、【羽化】等命令，其含义分别介绍如下。

- 【边界】命令：通过设置【边界选区】对话框中的【宽度】值，可以将当前选区向内或向外扩展。
- 【平滑】命令：通过设置【平滑选区】对话框中的【取样半径】值，可以将当前选区进行平滑处理。
- 【扩展】命令：通过设置【扩展选区】对话框中的【扩展量】值，可以将当前选区进行扩展。
- 【收缩】命令：通过设置【收缩选区】对话框中的【收缩量】值，可以将当前选区缩小。
- 【羽化】命令：通过设置【羽化选区】对话框中的【羽化半径】值，可以给选区设置不同大小的羽化属性。

2.1.4　【多边形套索】工具的应用

【例2-4】　利用 工具选取油桶，并为其制作背景，然后添加上标贴，如图 2-43 所示。

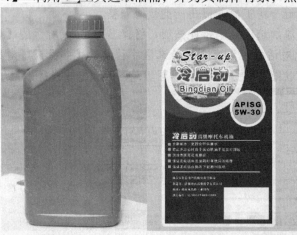

图2-43　原素材图片与制作的标贴效果

操作步骤

(1) 打开素材文件中名为"油桶.jpg"的图片文件，按两次 Ctrl++ 组合键将图像放大显示。

(2) 选择【多边形套索】工具 ，在油桶的瓶盖轮廓边缘单击鼠标左键，确定绘制选区的起始点，如图 2-44 所示。

(3) 沿着轮廓边缘拖曳鼠标光标到合适的位置，再次单击鼠标左键设置转折点，如图 2-45 所示。

图2-44 确定选区的起始点

图2-45 设置转折点

(4) 继续沿着轮廓边缘在结构转折位置单击设置上转折点。

> **要点提示** 为了使绘制的选区紧贴图像边缘，放大了图像的显示，当选区绘制到图像窗口边缘位置时可以按住空格键，此时工具将暂时切换为【抓手】工具，按住鼠标左键拖曳，利用 工具可以平移图像在文件窗口中的显示位置，以便选取油桶的下半部分。

(5) 直到鼠标光标与最初的起始点重合（此时鼠标光标的下面多了一个小圆圈），如图 2-46 所示，然后在重合点上单击鼠标左键，即可将油桶选取。

(6) 双击 工具，将放大显示后的图像全部显示，选取的油桶如图 2-47 所示。

(7) 执行【图层】/【新建】/【通过复制的图层】命令，将选区内的油桶复制生成"图层1"。

(8) 在【图层】面板中将"背景"设置为工作层。

(9) 将工具箱中的前景色设置为白色，背景色设置为深灰色（R:80,G:90,B:105）。

(10) 选择【渐变】工具 ，确认属性栏中的【线性渐变】按钮 为按下状态，在画面中从上向下填充渐变色，效果如图 2-48 所示。

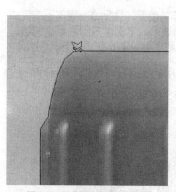
图2-46 结束点与起始点重合

图2-47 绘制完成的选区

图2-48 填充的渐变色

(11) 打开素材文件中名为"标贴.jpg"的图片文件，如图 2-49 所示。

(12) 选择 工具，设置属性栏中的 容差:20 参数为"20"，在打开的"标贴.jpg"文件的灰色背景上单击，添加选区，如图 2-50 所示。

(13) 执行【选择】/【反向】命令，将选区反选，如图 2-51 所示。

图2-49 打开的图形　　　　　　图2-50 添加的选区　　　　　　图2-51 反选选区

(14) 选择 工具，将选择的标贴向"油桶.jpg"文件中拖动，当鼠标光标显示为 形状时释放鼠标左键，复制到"油桶.jpg"文件中的标贴如图 2-52 所示。

看图 2-53 所示的【图层】面板，由于在复制图像之前"油桶.jpg"文件的工作层为"背景"层，所以复制到画面中的标贴生成的"图层 2"是在"图层 1"的下面，这样就出现了油桶遮挡标贴的情况，下面就通过调整图层的位置来将标贴移动到油桶的上面。

(15) 在"图层 2"上按住鼠标左键向"图层 1"上拖动，如图 2-53 所示，释放鼠标左键后，即可将标贴调整到前面，如图 2-54 所示。

图2-52 复制到"油桶.jpg"文件中的标贴　　　　　　图2-53 调整图层状态

> 要点提示　　图层是绘制和处理图像的基础，在 Photoshop 中非常重要，几乎每一幅作品的完成都要用到图层，灵活运用图层还可以创建出许多特殊的效果。本例主要用到新建图层、调整图层堆叠顺序及复制图层操作，有关图层的详细介绍请参见第 6 章的内容。

(16) 按 Ctrl + T 组合键，给图片添加自由变换框，调整一下图片的大小和位置，使标贴适合油桶，然后按 Enter 键确定标贴的调整。画面效果如图 2-55 所示。

图2-54 调整后的图层　　　　　　图2-55 最终效果

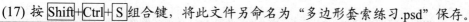

(17) 按 Shift+Ctrl+S 组合键，将此文件另命名为"多边形套索练习.psd"保存。

案例小结　　　本案例主要介绍了 🔽 和 🔽 工具的使用方法，利用 🔽 工具可以选取图像轮廓边缘为直线的图像，其使用方法也非常简单，希望读者能够将其掌握。

2.1.5　【磁性套索】工具的应用

【例2-5】　利用 🔽 工具选取图像后复制，制作出图 2-56 所示的画面效果。

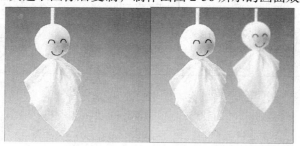

图2-56　原素材图片和制作出的画面效果

🔧 **操作步骤**

(1) 打开素材文件中名为"木偶.jpg"的图片文件。

(2) 选择【磁性套索】工具 🔽，在画面中木偶图像的轮廓边缘单击鼠标左键，确定绘制选区的起始点，如图 2-57 所示。

(3) 沿着图像的轮廓边缘移动鼠标光标，会发现选区会自动吸附在图像的轮廓边缘上，如图 2-58 所示。

图2-57　绘制选区的起点　　　　　　　　　　图2-58　选区吸附图像边缘后的形态

(4) 继续沿图像的轮廓边缘移动鼠标光标，如果选区没有吸附在想要的图像边缘位置时，可以通过单击鼠标左键手工添加一个紧固点来确定要吸附的位置，再继续移动鼠标光标，直到鼠标光标与最初设置的起始点重合（在鼠标光标的下面出现一个小圆圈），如图 2-59 所示。

(5) 单击鼠标左键，即可创建出闭合选区，如图 2-60 所示。

图2-59　绘制选区的结束点与起始点重合后的形态　　　　图2-60　创建的闭合选区

要点提示　　在拖曳鼠标光标时，如果出现的线形没有吸附在想要的图像边缘位置，可以通过单击鼠标左键手工添加紧固点来确定要吸附的位置。另外，按 BackSpace 键或 Delete 键可逐步撤销已生成的紧固点。

(6) 执行【图层】/【新建】/【通过复制的图层】命令，将选区内的图像通过复制生成"图层1"。

(7) 按 Ctrl+T 组合键，为"图层 1"中的内容添加自由变换框，将鼠标光标放置在变换框内按下并向右拖动，如图 2-61 所示。

(8) 按住 Shift 键，将鼠标光标放置到变换框右上角位置，按住鼠标左键并向左下方拖动，将图像等比例缩小，如图 2-62 所示。按 Enter 键确认图像缩小操作。

图2-61　移动后的图像位置

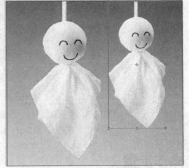

图2-62　缩小后的图像形态

(9) 执行【滤镜】/【模糊】/【高斯模糊】命令，弹出【高斯模糊】对话框，设置各项参数如图 2-63 所示。

(10) 单击 确定 按钮，执行【高斯模糊】命令后的效果如图 2-64 所示。

图2-63　【高斯模糊】对话框

图2-64　执行【高斯模糊】命令后的效果

(11) 按 Shift+Ctrl+S 组合键，将此文件另命名为"磁性套索练习.psd"保存。

知识链接

　　【磁性套索】工具 的使用方法非常简单，只要读者多加练习，就可很容易地灵活使用此工具。【套索】工具 、【多边形套索】工具 和【磁性套索】工具 的属性栏与前面介绍的选框工具的属性栏基本相同，只是 工具的属性栏中增加了几个新的选项，如图 2-65 所示。

图2-65　【磁性套索】工具属性栏

- 【宽度】：决定使用【磁性套索】工具时的探测宽度，数值越大，探测范围越大。
- 【边对比度】：决定【磁性套索】工具探测图形边界的灵敏度，该数值过大时，将只能对颜色分界明显的边缘进行探测。

- 【频率】：在利用【磁性套索】工具绘制选区时，会有很多的小矩形对图像的选区进行固定，以确保选区不被移动。此选项决定这些小矩形出现的次数，数值越大，在拖曳鼠标过程中出现的小矩形越多。
- 【钢笔压力】：当安装了绘图板和驱动程序后此选项才可用，它主要是用来设置绘图板的笔刷压力。当设置此选项时，钢笔的压力增加时会使套索的宽度变细。

2.2 【选择】菜单命令的应用

除了 2.1 节介绍的利用工具按钮创建选区外，还可以利用【选择】菜单命令来创建选区。

命令简介

- 【选择】/【反向】命令：可以将创建的选区设置为反向选择状态，快捷键为 Shift+Ctrl+I 组合键。
- 【选择】/【羽化】命令：对创建的选区进行羽化性质设置，产生选区填充颜色后，边缘具有模糊的效果，快捷键为 Alt+Ctrl+D 组合键。
- 【选择】/【色彩范围】命令：可以根据指定的颜色添加选区。
- 【视图】/【显示额外内容】命令：可将选区或参考线隐藏或显示。

2.2.1 【反向】和【羽化】命令的应用

【例2-6】 利用【选择】菜单下的【反向】和【羽化】命令，完成如图 2-66 所示的图像合成效果。

图2-66 合成后的图像效果

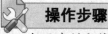
操作步骤

(1) 打开素材文件中名为"风景画.jpg"和"扇子.jpg"的文件，如图 2-67 所示。

图2-67 打开的图片

(2) 将"扇子.jpg"文件设置为工作状态,选择 工具,然后将鼠标光标移动到画面中的黄色扇子处单击,创建如图 2-68 所示的选区。

(3) 选择 工具,在选区内按住左键并向"风景画.jpg"文件中拖曳,将创建的选区移动复制到"风景画"文件中,并放置到如图 2-69 所示的位置。

图2-68 创建的选区   图2-69 选区放置的位置

(4) 执行【选择】/【反向】命令,将选区反选。

(5) 执行【选择】/【修改】/【羽化】命令,在弹出的【羽化选区】对话框中,设置羽化参数,如图 2-70 所示。

(6) 单击 确定 按钮,选区羽化后的形态如图 2-71 所示。

图2-70 【羽化选区】   图2-71 羽化后的选区形态

(7) 连续按两次 Delete 键,删除选区中的内容,效果如图 2-72 所示,然后按 Shift+Ctrl+I 组合键,将选区反选。

(8) 选择 工具,将选择的图片移动复制到"扇子.jpg"文件中,调整一下大小后放置到如图 2-73 所示的位置,完成图像的合成操作。

(9) 按 Shift+Ctrl+S 组合键,将此文件另命名为"合成图像.psd"保存。

图2-72 删除后的效果

图2-73 合成后的画面效果

案例小结　　本节主要介绍了运用【反向】和【羽化】命令将两幅图像进行合成。这两个命令在实际工作过程中经常用到，希望读者能够将其基本操作熟练掌握。

2.2.2 【色彩范围】命令的应用

　　【色彩范围】命令与【魔棒】工具相似，也可以根据容差值与选择的颜色样本来创建选区。使用【色彩范围】命令创建选区的优势在于，它可以根据图像中色彩的变化情况设定选择程度的变化，从而使选择操作更加灵活准确。

【例2-7】　执行【选择】菜单下的【色彩范围】命令，选择指定的图像并为其修改颜色，调整颜色前后的图像效果对比如图 2-74 所示。

图2-74 调整颜色前后的图像效果对比

 操作步骤

(1) 打开素材文件中名为"儿童 01.jpg"的文件。

(2) 执行【选择】/【色彩范围】命令，弹出图 2-75 所示的【色彩范围】对话框。

(3) 确认【色彩范围】对话框中的 ✐ 按钮和【选择范围】选项处于选中状态，将鼠标光标移动到图像中如图 2-76 所示的位置单击，吸取色样。

(4) 在【颜色容差】右侧的文本框中输入数值"140"，或拖动其下方的三角按钮，调整选取的色彩范围，如图 2-77 所示。

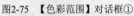

图2-75 【色彩范围】对话框① 　　　图2-76 鼠标光标单击的位置 　　　图2-77 【色彩范围】对话框②

(5) 单击 确定 按钮，此时图像文件中生成的选区如图 2-78 所示。

(6) 选择 工具，激活属性栏中的 按钮，绘制选区与原选区相加，将没有选择的衣服选取，状态如图 2-79 所示，相加后的选区形态如图 2-80 所示。

图2-78 生成的选区 　　　图2-79 绘制选区时的状态 　　　图2-80 相加后的选区形态

(7) 执行【视图】/【显示额外内容】命令（快捷键为 Ctrl+H 组合键），将选区在画面中隐藏，这样方便观察颜色调整时的效果。此命令非常实用，读者要灵活掌握此项操作技巧。

(8) 执行【图像】/【调整】/【色相/饱和度】命令，在弹出的【色相/饱和度】对话框中设置参数，如图 2-81 所示。

(9) 单击 确定 按钮，按 Ctrl+D 组合键去除选区，调整后的衣服颜色效果如图 2-82 所示。

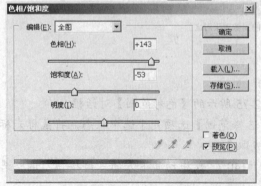

图2-81 【色相/饱和度】对话框 　　　图2-82 调整后的衣服颜色

(10) 按 Shift+Ctrl+S 组合键，将此文件另命名为"调整衣服颜色.jpg"保存。

 案例小结 本节主要介绍了利用【色彩范围】命令创建选区的方法，此命令在特殊选区的创建中非常实用，希望读者能将其熟练掌握。

2.3 【移动】工具的应用

利用【移动】工具 ，可以在当前文件中移动或复制图像，也可以将图像由一个文件移动复制到另一个文件中，还可以对选择的图像进行变换、排列和对齐分布等操作。

命令简介

- 【移动】工具 ：利用此工具可以移动图像的位置。
- 【自由变换】命令：在自由变换状态下，以手动方式将当前图层的图像或选区做任意缩放、旋转等自由变形操作。这一命令在使用路径时，会变为【自由变换路径】命令，以对路径进行自由变换。
- 【变换】命令：分别对当前图像或选区进行缩放、旋转、拉伸、扭曲和透视等单项变形操作。这一命令在使用路径时，会变为【路径变换】命令，以对路径进行单项变形。

2.3.1 在当前文件中移动图像

【例2-8】 利用 工具移动图像在当前画面中的位置。

操作步骤

(1) 打开素材文件中名为"儿童02.jpg"的图片文件，如图2-83 所示。
(2) 选择 工具，在画面中的蓝色背景处单击添加选区，将蓝色背景选取，如图2-84 所示。

图2-83 打开的图片

图2-84 添加的选区

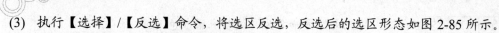

(3) 执行【选择】/【反选】命令，将选区反选，反选后的选区形态如图2-85所示。

(4) 选择 ⬚➕ 工具，在选区内按住左键拖曳鼠标，释放鼠标左键后，图片即停留在移动后的位置，如图2-86所示。

图2-85 反选后的选区形态

图2-86 移动后的图像位置

案例小结

利用【移动】工具 ⬚➕ 在当前图像文件中移动图像分两种情况：一种是移动"背景"层选区内的图像，移动此类图像时，图像被移动位置后，原图像位置需要用颜色补充出来，因为背景层是不透明的图层，而此处所补充显示的颜色为工具箱中的背景颜色，如图 2-87 所示；另一种情况是移动"图层"中的图像，当移动此类图像时，可以不需要添加选区就移动图像的位置，但移动"图层"中图像的局部位置时，也是需要添加选区才能够移动的。

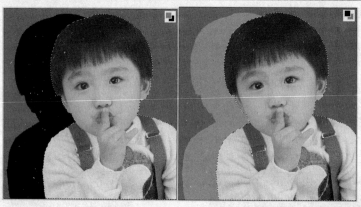

图2-87 图像移动位置后原位置显示的颜色

2.3.2 在两个文件之间移动复制图像

【例2-9】 利用 ⬚➕ 工具将图像移动复制到另一个文件中，合成图 2-88 所示的画面效果。

 操作步骤

(1) 上接 2.3.1 节范例。打开素材文件中名为"儿童模板.jpg"的图片文件。

(2) 选取 ⬚➕ 工具，在"儿童 02.jpg"文件中选取的人物图片内按住鼠标左键，然后向"儿童模板.jpg"图像文件中拖动，状态如图 2-89 所示。

图2-88 合成后的画面效果

图2-89 向另一个图像文件中移动图片状态

(3) 当鼠标光标变为 符号时释放鼠标左键，所选取的图片即被移动到另一个图像文件中，如图 2-90 所示。

(4) 按 Ctrl + T 组合键给图片添加变换框，并将其调整至如图 2-91 所示的形态，然后按 Enter 键，确认图像的变换操作。

图2-90 移动到当前文件中的图片

图2-91 调整后的图片形态

(5) 执行【图层】/【图层样式】/【外发光】命令，弹出【图层样式】对话框，设置各项参数如图 2-92 所示。

(6) 单击 确定 按钮，添加外发光样式后的图像效果如图 2-93 所示。

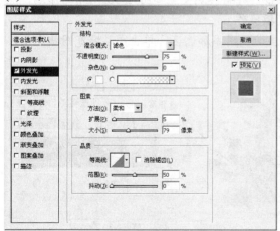

图2-92 【图层样式】对话框

图2-93 添加的外发光样式后的效果

(7) 按 Shift+Ctrl+S 组合键，将当前文件另命名为 "移动练习.psd" 保存。

 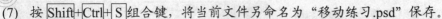
2.3.3　利用【移动】工具复制图像

利用 工具移动图像时，如果先按住 Alt 键再拖曳鼠标光标，释放鼠标左键后即可将图像移动复制到指定位置。下面先来介绍图像不添加选区时移动复制操作方法。

【例2-10】利用 工具通过移动复制图形的操作方法，制作出图 2-94 所示的图案效果。

 操作步骤

(1) 打开素材文件中名为 "花卉.jpg" 的图片文件，如图 2-95 所示。

图2-94　制作完成的图案效果

图2-95　打开的图片

(2) 利用 工具将黑色背景选取，然后执行【选择】/【反选】命令，将选区反选。

(3) 执行【图层】/【新建】/【通过复制的图层】命令，将选区内的图像通过复制生成 "图层 1"。

(4) 将 "背景" 层设置当前层，并为 "背景" 层填充上白色，然后将 "图层 1" 设置为当前层。

(5) 按 Ctrl+T 组合键，为图片添加自由变换框，并将其调整至如图 2-96 所示的形态，然后单击属性栏中的 按钮，确认图片的变换操作。

(6) 按住 Ctrl 键，单击 "图层 1" 左侧的图层缩览图添加选区，单击图层缩览图状态及添加的选区如图 2-97 所示。

图2-96　调整后的图像形态

图2-97　单击图层缩览图状态及添加的选区形态

(7) 选择工具，按住 Alt 键，将鼠标光标移动到选区内，然后按住鼠标左键拖曳，移动复制选取的图片，状态如图 2-98 所示。

图2-98　复制图像时的状态

(8) 释放鼠标左键后，图片即被移动复制到指定的位置。

(9) 按住 Alt 键，继续向右移动复制所选取的图片，如图 2-99 所示。

图2-99　复制出的图片

(10) 按住 Ctrl 键，单击"图层 1"左侧的图层缩览图添加选区，然后按住 Alt 键，向下移动复制图片，如图 2-100 所示。

图2-100　复制出的图片

(11) 用与步骤 10 相同的方法，再继续向下复制出 3 排图案，如图 2-101 所示。

(12) 按 Ctrl + D 组合键去除选区。选择 工具，在画面中按住鼠标左键并拖曳，绘制出图 2-102 所示的裁切框。

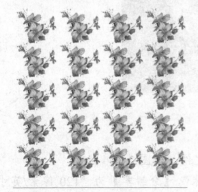

图2-101　复制出的图片

图2-102　绘制的裁切框

(13) 单击属性栏中的 按钮，确认图片的裁剪，裁切后的画面效果如图 2-103 所示。

(14) 将"背景"层设置为当前层，并为其填充上浅黄色（R:255,G:250,B:210），效果如图 2-104 所示。

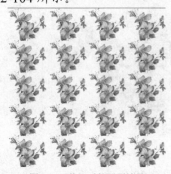

图2-103 裁切后的画面效果   图2-104 填充颜色后的效果

(15) 按 Shift + Ctrl + S 组合键，将当前文件另命名为"图案.psd"保存。

案例小结　　本节主要介绍了利用 ⊕ 工具并结合 Alt 键复制图像的方法。在按住 Alt 动复制独立图层中的图像时又分两种情况：一种是添加选区后复制，复制出的图像还是在当前的图层中；另一种是不添加选区直接复制图像，复制出的图像在【图层】面板中会生成独立的新图层。

2.3.4 图像的变形应用

【例2-11】 图像的变形操作。

将打开的图片组合，然后利用【移动】工具属性栏中的【显示变换控件】选项给图像制作变形，制作出图 2-105 所示的包装盒立体效果。

图2-105 包装盒立体效果图

操作步骤

(1) 打开素材文件中名为"平面展开图.jpg"的图片文件，如图 2-106 所示。

(2) 新建【宽度】为"20 厘米"，【高度】为"20 厘米"，【分辨率】为"120 像素/英寸"的文件。

(3) 选择 工具，激活属性栏中的【径向渐变】按钮 ▨，将工具箱中的前景色设置为蓝灰色（R:118,G:140,B:150）、背景色设置为黑色，在画面的下边缘位置向上填充径向渐变色，效果如图 2-107 所示。

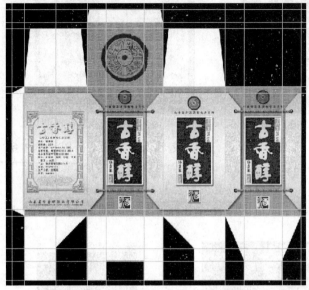

图2-106 平面展开图

图2-107 填充渐变色后的效果

(4) 利用 工具将"平面展开图.jpg"文件中选择图 2-108 所示的面。

(5) 将选择的正面图形移动复制到"未标题-1"文件中，在属性栏中勾选 ▢显示变换控件 复选框，给图片添加变换框，如图 2-109 所示。

图2-108 选择正面图形

图2-109 显示的变换框

(6) 按住 Ctrl 键，将鼠标光标放置在变换框右下角的控制点上稍微向上移动此控制点，然后稍微向上移动右上角的控制点，调整出透视效果，如图 2-110 所示。

> 要点提示　由于透视的原因，右边的高度要比左边的高度矮一些，一般遵循近大远小的透视规律调整。

(7) 将鼠标光标放置在变换框右边中间的控制点上稍微向左缩小立面的宽度，如图 2-111 所示。

(8) 调整完成后按 Enter 键，确认图片的透视变形调整。

(9) 利用 工具，将"平面展开图.jpg"文件中的侧面选取后移动复制到"未标题-1"文件中，并将其放置到图 2-112 所示的位置。

图2-110 透视变形调整时的状态

图2-111 缩小立面宽度

图2-112 移动复制入的侧面

(10) 用与调整正面相同的透视变形方法，将侧面图形进行透视变形调整，状态如图 2-113 所示，然后按 Enter 键确认。

(11) 将顶面选取后移动复制到"未标题-1"文件中，放置到图 2-114 所示的位置。

(12) 按住 Ctrl 键，将鼠标光标放置在变换框左边中间的控制点上，向右向上调整透视，如图 2-115 所示。

图2-113 透视变形调整时的状态

图2-114 移动复制入的顶面

图2-115 调整透视状态

(13) 按住 Ctrl 键，将鼠标光标放置在变换框上边中间的控制点上，向右向下调整透视，如图 2-116 所示。

(14) 按住 Ctrl 键，将最后面右侧的一个控制点向左向下调整透视，制作出包装盒顶面的透视效果，如图 2-117 所示。

(15) 按 Enter 键确定透视调整，在属性栏中将 ☐ 显示变换控件 复选框的勾选取消。

(16) 执行【图像】/【调整】/【色相/饱和度】命令，在弹出的【色相/饱和度】对话框中设置参数，如图 2-118 所示。

图2-116 调整透视状态

图2-117 页面透视

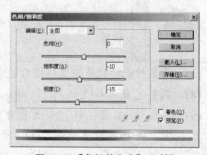

图2-118 【色相/饱和度】对话框

(17) 单击 确定 按钮，降低饱和度和明度后的效果如图 2-119 所示。

(18) 将"图层 2"设置为工作层，同样利用【色相/饱和度】命令将侧面也降低饱和度和明度，效果如图 2-120 所示。

包装盒的面和面之间的棱角结构转折位置应该是稍微有点圆滑的，而并不是刀锋效果般的生硬，所以读者要注意物体结构转折的微妙变化规律，只有仔细观察、仔细绘制，才能使表现出的物体更加真实自然，下面进行棱角处理。

(19) 新建"图层 4"，并将其放置在"图层 3"的上方，然后将前景色设置为浅黄色（R:255,G:251,B:213）。

(20) 选择 ＼ 工具，激活属性栏中的 □ 按钮，并设置 粗细：2 px 的参数为"2px"，然后沿包装盒的面和面的结构转折位置绘制出图 2-121 所示的直线。

图2-119 调整后的效果

图2-120 调整后的效果

图2-121 绘制出的直线

(21) 选择【模糊】工具 ◊ ，沿着绘制的直线做一下模糊处理，使其不那么生硬。

(22) 选择【橡皮擦】工具 ◢ ，设置属性栏中的参数如图 2-122 所示。

(23) 沿着模糊后的直线将竖面的下边、左侧的后面和右侧右面轻轻地擦除一下，表现出远虚近实的变化，效果如图 2-123 所示。

下面为包装盒绘制投影效果，增强包装盒在光线照射下的立体感。读者还要特别注意的是，每一种物体的投影形态根据物体本身的形状结构也是不同的，投影要跟随物体的结构变化以及周围环境的变化而变化。

(24) 新建"图层 5"，并将其放置在"图层 1"的下方，然后将工具箱中的前景色设置为黑色。

(25) 选择 ▽ 工具，在画面中根据包装盒的结构绘制出投影区域，然后为其填充黑色，效果如图 2-124 所示。

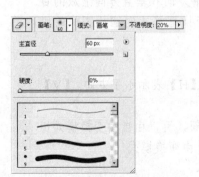
图2-122 【橡皮擦】属性栏设置

图2-123 远虚近实的变化

图2-124 制作出的投影

(26) 按 Ctrl + D 组合键去除选区，执行【滤镜】/【模糊】/【高斯模糊】命令，弹出【高斯模糊】对话框，参数设置如图 2-125 所示。

(27) 单击 确定 按钮，模糊后的投影效果如图 2-126 所示。

(28) 至此，包装盒的立体效果就制作完成了，按 Ctrl + S 组合键，将此文件命名为"包装立体效果图.psd"保存。

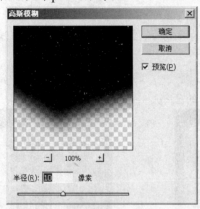

图2-125 【高斯模糊】对话框

图2-126 制作完成的投影效果

 知识链接

本节主要介绍了利用【移动】工具属性栏中的【显示变换控件】选项制作包装立体效果图的操作。图像的变形在图像处理过程中是很重要的，希望读者能够将其熟练掌握。

1. 属性栏

当给图片设置【显示变换控件】选项后，对图片进行变形时，其属性栏如图 2-127 所示。此选项与执行【编辑】/【自由变换】命令的属性栏是相同的。

| 图标 | X: 250.0 px | Y: 215.5 px | W: 100.0% | H: 100.0% | 0.0 度 | H: 0.0 度 V: 0.0 度 | 切换 取消 确认 |

图2-127 对图像进行变形操作时属性栏

- 图标：中间的黑点表示调节中心在变换框中的位置，在任意白色小点上单击鼠标，可以将调节中心移动至相应的位置。另外，将鼠标光标移动至变换框中间的调节中心上，待光标显示为 ▸ 符号时按住鼠标左键拖曳，可以在图像文件中任意移动调节中心的位置。

- 【X】、【Y】选项：用于精确定位调节中心的坐标。

- 【W】、【H】选项：分别控制变换框中的图像在水平方向和垂直方向缩放的百分比。激活【保持长宽比】按钮 ⑧，可以设置变换框等比例缩放图像的比例。

- △（旋转）按钮：用于设置图像的旋转角度。

- 【H】、【V】选项：分别控制变换图像的倾斜角度，【H】表示水平方向，【V】表示垂直方向。

- （在自由变换和变形之间切换）按钮：激活此按钮，可以由自由变换模式切换为变形模式；取消其激活状态，可再次切换到自由变换模式。

- ⊘（取消变换）按钮：为取消对图像的变形操作。

- ✓（进行变换）按钮：为确认对图像的变形操作。

2. 【变换】命令

在 Photoshop CS3 的【编辑】/【变换】菜单中，主要包括图像的【缩放】、【旋转】、【斜切】、【扭曲】、【透视】、【旋转 180 度】、【旋转 90 度（顺时针）】、【旋转 90 度（逆时针）】、【水平翻转】、【垂直翻转】等命令。读者可以根据不同的需要选择不同的命令，对图像或图形进行变换调整。

(1) 缩放图像。将鼠标光标放置到变换框各边中间的调节点上，待鼠标光标显示为 ↔ 或 ↕ 形状时，按住鼠标左键左右或上下拖曳，可以水平或垂直缩放图像。将鼠标光标放置到变换框 4 个角的调节点上，待光标显示为 ↘ 或 ↗ 形状时，按住鼠标左键拖曳，可以任意缩放图像。此时，按住 Shift 键可以等比例缩放图像；按住 Alt＋Shift 组合键可以以变换框的调节中心为基准等比例缩放图像。

(2) 旋转图像。将鼠标光标移动到变换框的外部，待鼠标光标显示为 ↱ 或 ↴ 形状的弧形双向箭头时按下鼠标左键拖曳，可以围绕调节中心旋转图像，如图 2-128 所示。若按住 Shift 键旋转图像，可以使图像按 15º 角的倍数旋转。

在【编辑】/【变换】的子菜单中选取【旋转 180 度】、【旋转 90 度（顺时针）】、【旋转 90 度（逆时针）】、【水平翻转】或【垂直翻转】命令，可以将图像旋转 180°、顺时针旋转 90°、逆时针旋转 90°、水平翻转或垂直翻转。

(3) 【斜切】命令。执行【编辑】/【变换】/【斜切】命令或按住 Ctrl＋Shift 组合键调整变换框的调节点，可以将图像斜切变换；按住 Ctrl＋Alt 组合键调整调节点，可以对图像进行对称的斜切变换，如图 2-129 所示。

图2-128 旋转图像时的形态　　　　　　图2-129 斜切图像时的形态

(4) 【扭曲】命令。执行【编辑】/【变换】/【扭曲】命令或按住 Ctrl 键调整变换框的调节点，可以对图像进行扭曲变形。

(5) 【透视】命令。执行【编辑】/【变换】/【透视】命令或按住 Ctrl＋Alt＋Shift 组合键调整变换框的调节点，可以使图像产生透视变形效果，如图 2-130 所示。

图2-130 透视变换图像时的形态

(6) 变形图像。执行【编辑】/【变换】/【变形】命令，或激活属性栏中的【在自由变换和变形模式之间切换】按钮，变换框将转换为变形框，通过调整变形框 4 个角上的调节点的位置以及控制柄的长度和方向，可以使图像产生各种变形效果，如图 2-131 所示。

图2-131 调整控制柄的长度和方向使图像产生变形

另外，在属性栏中【变形】下拉列表中选择一种变形样式，还可以使图像产生各种相应的变形效果，读者可以自己动手练习一下。

小结

本章主要介绍图像的选择、选区的编辑、图像的移动和复制以及图像的变形等操作。读者要理解不同选区工具的特性，掌握选区的基本操作以及各选区功能之间的区别和基本用法，在使用时要能够运用自如。

习题

1. 利用选区工具绘制出如图 2-132 所示的标志图形。

图2-132 绘制的标志图形

2. 打开素材文件中名为"婚纱照.jpg"的图片文件，如图 2-133 所示。然后用本章介绍的创建选区、羽化、移动复制及变形等操作方法，制作出图 2-134 所示的画面合成效果。

图2-133 打开的图片　　　　　　　　　　　　图2-134 画面合成效果

3. 打开素材文件中名为"背景.jpg"和"封面.jpg"的图片文件,如图2-135所示。用本章介绍的图像变形操作,制作出如图2-136所示的书籍装帧立体效果。

图2-135 打开的图片　　　　　　　　　　　　图2-136 书籍装帧立体效果图

第3章 绘画和编辑工具的应用

工具箱中的绘画和编辑工具是绘制图形和处理图像的主要工具，其中绘画工具包括【画笔】工具、【铅笔】工具、【渐变】工具和【油漆桶】工具；编辑工具包括【历史记录画笔】工具、【修复画笔】工具、【图章】工具、【橡皮擦】工具，还包括【模糊】工具、【锐化】工具、【涂抹】工具，【减淡】工具、【加深】工具和【海绵】工具等。这些工具都是在图像处理过程中经常用到的，下面就来介绍各种绘画工具及编辑工具的功能及使用方法。

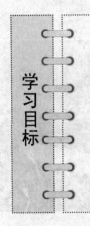

学习目标
- 学会【画笔】和【铅笔】工具的应用。
- 学会【渐变】和【油漆桶】工具的应用。
- 学会【修复画笔】和【修补】工具的应用。
- 学会【历史记录画笔】和【历史记录艺术画笔】工具的应用。
- 学会【仿制图章】和【图案图章】工具的应用。
- 学会【橡皮擦】、【背景橡皮擦】和【魔术橡皮擦】工具的应用。
- 学会【模糊】、【锐化】和【涂抹】工具的应用。
- 学会【减淡】、【加深】和【海绵】工具的应用。

3.1 绘画工具

绘画工具最主要的功能是绘制图像。灵活运用绘画工具，可以绘制出各种各样的图像效果，使设计者的思想最大限度地表现出来。

命令简介

- 【画笔】工具 ✐：选择此工具，先在工具箱中设置前景色的颜色，即画笔的颜色，并在【画笔】对话框中选择合适的笔头，然后将鼠标光标移动到新建或打开的图像文件中单击并拖曳，即可绘制不同形状的图形或线条。
- 【铅笔】工具 ✐：此工具与【画笔】工具类似，也可以在图像文件中绘制不同形状的图形及线条。只是在【铅笔】工具的属性栏中多了一个【自动抹掉】选项，这是【铅笔】工具所具有的特殊功能。
- 【渐变】工具 ▣：使用此工具可以在图像中创建渐变效果。根据其产生的不同效果，可以分为线性渐变、径向渐变、角度渐变、对称渐变和菱形渐变 5 种渐变方式。

- 【油漆桶】工具 ：使用此工具，可以在图像中填充颜色或图案，它的填充范围是与鼠标光标的单击处像素相同或相近的像素点。

3.1.1 【画笔】工具的应用

【例3-1】 利用【画笔】工具结合【画笔预设】面板中的选项设置，绘制出如图 3-1 所示的水泡效果。

操作步骤

(1) 打开素材文件中名为"水中仙子.jpg"的背景图片，如图 3-2 所示。

图3-1 绘制的水泡效果 　　　　　　　　　　　　图3-2 打开的图片

(2) 新建"图层1"，然后设置前景色为白色。

(3) 选择 ✐ 工具，单击其属性栏中的 ▦ 按钮，在弹出的【画笔预设】面板中设置选项和参数如图 3-3 所示。

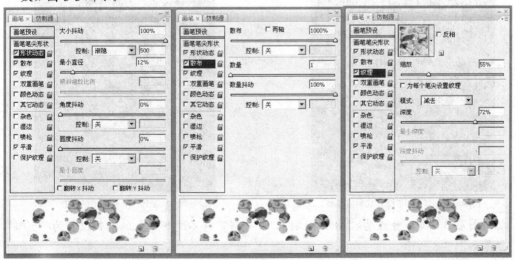

图3-3 【画笔预设】面板

(4) 移动鼠标光标到画面中按住鼠标左键并自由拖曳，喷绘出如图 3-4 所示的水泡效果。

(5) 执行【图层】/【图层样式】/【斜面和浮雕】命令，弹出【图层样式】对话框，设置各项参数如图 3-5 所示。

图3-4 喷绘出的水泡效果

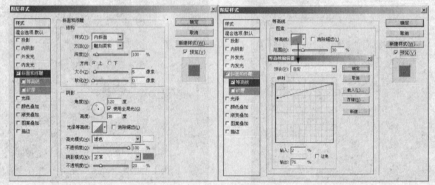

图3-5 【图层样式】对话框参数设置

(6) 单击 确定 按钮，添加斜面和浮雕样式后的效果如图 3-6 所示。

(7) 将"图层 1"的图层混合模式设置为"柔光"，更改混合模式后的效果如图 3-7 所示。

图3-6 添加斜面和浮雕样式后的效果

图3-7 更改混合模式后的效果

(8) 将"图层 1"复制生成为"图层 1 副本"，并将其【不透明度】的参数设置为"50%"，效果如图 3-8 所示。

(9) 利用 🖌 工具在画面中按住鼠标左键并自由拖曳，再喷绘出如图 3-9 所示的水泡效果。

(10) 按 $\boxed{\text{Shift}}$+$\boxed{\text{Ctrl}}$+$\boxed{\text{S}}$ 组合键，将此文件另命名为"绘制水泡.psd"保存。

图3-8 复制水泡后的效果

图3-9 喷绘出的水泡

 知识链接

本节通过气泡的绘制主要介绍了【画笔】工具的使用方法。下面介绍【画笔】工具和【铅笔】工具的属性栏，并对【画笔预设】面板中的各选项进行讲解。

1. 【画笔】工具属性栏

选择 ✐ 工具，其属性栏如图 3-10 所示。

| ✐ ▾ | 画笔: ·13· ▾ | 模式: 正常 | ▾ | 不透明度: 100% ▸ | 流量: 100% ▸ | ✎ | | 🗐 |

图3-10 【画笔】工具的属性栏

- 【画笔】：用来设置画笔笔头的形状及大小，单击右侧的 ·13· ▾ 按钮，会弹出图 3-11 所示的【画笔】选项面板。
- 【模式】：可以设置绘制的图形与原图像的混合模式。
- 【不透明度】：用来设置画笔绘画时的不透明度，可以直接输入数值，也可以通过单击此选项右侧的 ▸，再拖动弹出的滑块来调节。使用不同的数值绘制出的颜色效果如图 3-12 所示。

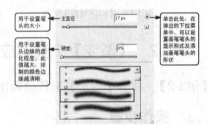

图3-11 【画笔】选项面板

图3-12 不同的【不透明度】值绘制的颜色效果

- 【流量】：决定画笔在绘画时的压力大小，数值越大画出的颜色越深。
- 【喷枪】按钮 ✎：激活此按钮，使用画笔绘画时，绘制的颜色会因鼠标光标的停留而向外扩展，画笔笔头的硬度越小，效果越明显。

- 【切换画笔调板】按钮 ▣：单击此按钮，可弹出【画笔预设】面板。

2. 【画笔预设】面板

按 F5 键或单击属性栏中的 ▣ 按钮，打开如图 3-13 所示的【画笔预设】面板。该面板由 3 部分组成，左侧部分主要用于选择画笔的属性；右侧部分用于设置画笔的具体参数；最下面部分是画笔的预览区域。先选择不同的画笔属性，然后在其右侧的参数设置区中设置相应的参数，可以将画笔设置为不同的形状。

3. 【铅笔】工具属性栏

【铅笔】工具的属性栏中有一个【自动抹掉】选项，这是【铅笔】工具所具有的特殊功能。如果勾选了此复选框，在图像内与工具箱中的前景色相同的颜色区域绘画时，铅笔会自动擦除此处的颜色而显示背景色；如在与前景色不同的颜色区绘画时，将以前景色的颜色显示，如图 3-14 所示。

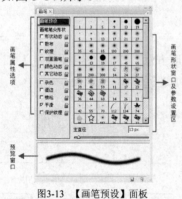

图3-13 【画笔预设】面板

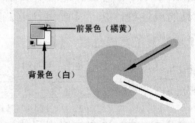

图3-14 勾选【自动抹掉】复选框时用【铅笔】工具绘制的图形

3.1.2 【渐变】工具的应用

【例3-2】 利用【渐变】工具绘制出图 3-15 所示的水晶球。

操作步骤

(1) 新建一个【宽度】为"25 厘米"，【高度】为"17 厘米"，【分辨率】为"120 像素/英寸"，【颜色模式】为"RGB 颜色"，【背景内容】为"白色"的文件。

(2) 选择【渐变】工具 ▣，再单击属性栏中 ▣ 按钮的颜色条部分，弹出【渐变编辑器】窗口，选择预设窗口中图 3-16 所示的"前景到背景"渐变颜色样式。

图3-15 绘制的水晶球

图3-16 选取的渐变颜色

(3) 选择色带下方左侧的色标，如图 3-17 所示，然后单击【颜色】右侧的 ■▶，在弹出的【拾色器】对话框中将颜色设置为浅绿色（R:78,G:255,B:173），如图 3-18 所示。

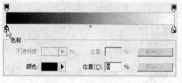
图3-17 选取的色标

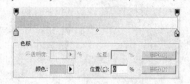
图3-18 设置的色标颜色

(4) 选择右侧的色标，然后将颜色设置为深绿色（R:15,G:60,B:5），如图 3-19 所示，然后单击 确定 按钮。

(5) 按住 Shift 键，在选画面中由上至下拖曳鼠标光标，为"背景"层填充设置的线性渐变色，释放鼠标左键，填充渐变色后的效果如图 3-20 所示。

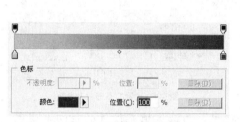
图3-19 设置的色标颜色

图3-20 填充渐变色后的效果

(6) 新建"图层 1"，然后选择【椭圆选框】工具 ◯，按住 Shift 键，绘制出如图 3-21 所示的圆形选区。

(7) 选择【渐变】工具 ■，设置渐变色如图 3-22 所示。

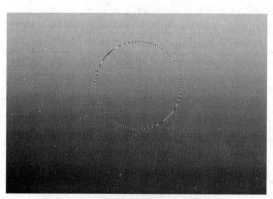
图3-21 绘制的选区

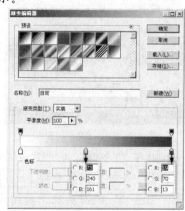
图3-22 设置的渐变色

(8) 激活属性栏中的 ■按钮，在选区的左下方按住鼠标左键并向右上方拖曳，为选区填充设置的径向渐变色，释放鼠标左键，填充渐变后的效果如图 3-23 所示。

(9) 执行【选择】/【变换选区】命令，为圆形选区添加自由变换框，并设置属性栏中的【W】值为"85%"，【H】值为"70%"，然后将变换后的选区向上调整至如图 3-24 所示的位置。

(10) 按 Enter 键，确认选区的变换操作，然后按 Ctrl+Alt+D 组合键，在弹出的【羽化选区】对话框中将【羽化半径】的参数设置为"10 像素"，单击 确定 按钮。

图3-23 填充渐变色后的效果　　　　　　　图3-24 调整后的选区形态

(11) 选择【渐变】工具 ▇，再单击属性栏中 ▇▇▇▇▇▇· 按钮的颜色条部分，弹出【渐变编辑器】窗口。

(12) 选择色带上方右侧的不透明度色标，如图 3-25 所示，再将【不透明度】的参数设置为"60%"，如图 3-26 所示，然后单击 确定 按钮。

图3-25 选取的不透明度色标　　　　　　　图3-26 设置的不透明度参数

(13) 在选区的上方中间位置按住鼠标左键向下方拖曳，为选区填充设置的径向渐变色，效果如图 3-27 所示，然后按 Ctrl+D 组合键去除选区。

(14) 打开素材文件中名为"戒指.psd"的图片文件，如图 3-28 所示，然后将其移动复制到新建文件中生成"图层 2"。

图3-27 填充渐变色后的效果　　　　　　　图3-28 打开的图片

(15) 按 Ctrl+T 组合键，为"图层 2"中的图像添加自由变换框，并将其调整至如图 3-29 所示的大小及位置，然后按 Enter 键，确认图像的变换操作。

(16) 设置"图层 2"的图层混合模式为"柔光"，更改混合模式后的效果如图 3-30 所示。

图3-29 调整后的图像形态　　　　　　　图3-30 更改混合模式后的效果

(17) 新建"图层 3"，然后将前景色设置为白色。

(18) 选择【画笔】工具 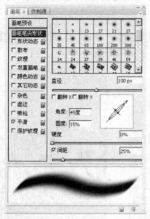，单击属性栏中的 ▦ 按钮，在弹出的【画笔预设】面板中设置参数如图 3-31 所示，然后在画面中单击，喷绘出如图 3-32 所示的白色斜线。

图3-31 【画笔预设】面板

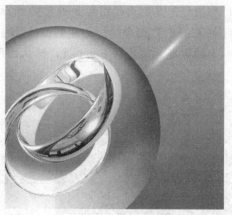

图3-32 喷绘出的斜线

(19) 单击属性栏中的 ▦ 按钮，在弹出的【画笔预设】面板中设置参数如图 3-33 所示，然后在画面中单击左键，喷绘出如图 3-34 所示的白色斜线。

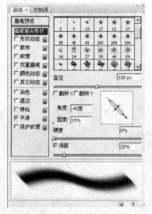

图3-33 【画笔预设】面板

图3-34 喷绘出的斜线

(20) 再次单击属性栏中的 ▦ 按钮，在弹出的【画笔预设】面板中设置参数如图 3-35 所示，然后在两条斜线的交点位置单击左键，喷绘一个白色圆点图形，制作星形图形，如图 3-36 所示。

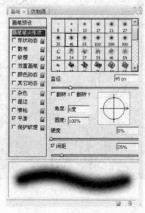

图3-35 【画笔预设】面板

图3-36 制作的星形图形

(21) 按住 Ctrl 键，单击"图层 3"左侧的图层缩略图添加选区，形态如图 3-37 所示。

(22) 按住 Ctrl + Alt 组合键，将鼠标光标放置到选区内，按住鼠标左键并拖曳，移动复制星形图形，复制出的图形如图 3-38 所示。

(23) 按 Ctrl + T 组合键，为复制出的星形图形添加自由变换框，并将其调整至如图 3-39 所示的形态，然后按 Enter 键，确认图形的变换操作。

图3-37 添加的选区   图3-38 移动复制出的图形   图3-39 调整后的图形形态

(24) 用移动复制图形并调整大小的方法，依次复制出如图 3-40 所示的星形图形。

(25) 按住 Ctrl 键，单击"图层 3"左侧的图层缩略图添加选区，然后按住 Ctrl + Alt 组合键，将鼠标光标放置到选区内，按住鼠标左键并拖曳，移动复制星形图形，复制出的图形如图 3-41 所示。

图3-40 复制出的图形（1）   图3-41 复制出的图形（2）

(26) 用与步骤 25 相同的方法，依次复制出如图 3-42 所示的星形图形，然后按 Ctrl + D 组合键去除选区。

(27) 设置"图层 3"的图层混合模式为"叠加"，更改混合模式后的效果如图 3-43 所示。

图3-42 复制出的图形   图3-43 更改混合模式后的效果

(28) 按 Ctrl + S 组合键，将此文件命名为"水晶球.psd"保存。

知识链接

本节介绍了【渐变】工具的基本使用方法，下面介绍它们对应的属性栏中各选项的作用和功能。

1. 【渐变】工具的属性栏

【渐变】工具的属性栏如图 3-44 所示。

图3-44 【渐变】工具的属性栏

- 【点按可编辑渐变】按钮 ：单击颜色条部分，将弹出【渐变编辑器】窗口，用于编辑渐变色；单击右侧的 按钮，将会弹出【渐变选项】面板，用于选择已有的渐变选项。

- 【线性渐变】工具 ：可以在画面中填充由鼠标光标的起点到终点的线性渐变效果。

- 【径向渐变】工具 ：可以在画面中填充以鼠标光标的起点为中心，鼠标拖曳距离为半径的环形渐变效果。

- 【角度渐变】工具 ：可以在画面中填充以鼠标光标起点为中心，自鼠标拖曳方向起旋转一周的锥形渐变效果。

- 【对称渐变】工具 ：可以产生由鼠标光标起点到终点的线性渐变效果，且以经过鼠标光标起点与拖曳方向垂直的直线为对称轴的轴对称直线渐变效果。

- 【菱形渐变】工具 ：可以在画面中填充以鼠标光标的起点为中心，鼠标拖曳的距离为半径的菱形渐变效果。

- 【模式】选项：与其他工具相同，用来设置填充颜色或图案与原图像所产生的混合效果。

- 【不透明度】：与其他工具相同，用来设置填充颜色或图案的不透明度。

- 【反向】：勾选此复选框，在填充渐变色时颠倒填充的渐变排列顺序。

- 【仿色】：勾选此复选框，可以使渐变颜色之间的过渡更加柔和。

- 【透明区域】：勾选此复选框，【渐变编辑器】窗口中渐变选项的不透明度才会生效，否则将不支持渐变选项中的透明效果。

2. 【渐变编辑器】窗口

在【渐变】工具的属性栏中，单击【点按可编辑渐变】按钮 的颜色条部分，将会弹出【渐变编辑器】窗口，如图 3-45 所示。

- 【预设窗口】：在预设窗口中提供了多种渐变样式，单击缩略图即可选择该渐变样式。

- 【渐变类型】：在右侧提供了两种渐变类型，分别为【实底】和【杂色】。

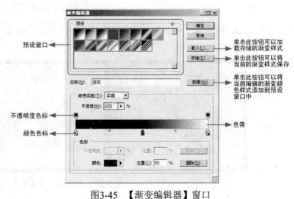

图3-45 【渐变编辑器】窗口

- 【平滑度】：用于设置渐变颜色过渡的平滑程度。
- 【不透明度色标】按钮：色带上方的色标称为不透明度色标，它可以根据色带上该位置的透明效果显示相应的灰色。当色带完全不透明时，不透明度色标显示为黑色；色带完全透明时，不透明度色标显示为白色。
- 【颜色色标】按钮：左侧的色标为 🔼 形态时，表示该色标使用前景色；右侧的色标为 🔼 形态时，表示该色标使用背景色；当色标显示为 🔼 形态时，表示使用的是自定义颜色。
- 【不透明度】：当选择一个不透明度色标后，下方的【不透明度】选项可以设置该色标所在位置的不透明度；【位置】选项用于控制该色标在整个色带上的百分比位置。
- 【颜色】：当选择一个颜色色标后，【颜色】选项右侧的颜色块显示的是当前使用的颜色，单击该颜色块或在色标上双击，可在弹出的【拾色器】对话框中设置色标的颜色；单击颜色块右侧的 ▶ 按钮，可以在弹出的菜单中将色标设置为前景色、背景色或用户颜色。
- 【位置】：可以设置色标按钮在整个色带上的百分比位置。
- 删除(D) 按钮：单击该按钮，可以删除当前选择的色标。

3. 【油漆桶】工具

【油漆桶】工具 🔼 的属性栏如图 3-46 所示。

图3-46 【油漆桶】工具的属性栏

- 【设置填充区域的源】前景▼：用于设置向画面或选区中填充的内容，包括【前景】和【图案】两个选项。选择【前景】选项，向画面中填充的内容为工具箱中的前景色；选择【图案】选项，并在右侧的图案窗口中选择一种图案后，向画面中填充的内容为选择的图案，如图 3-47 所示。

图3-47 原图、填充前景色和图案效果对比

- 【容差】：控制图像中填充颜色或图案的范围，数值越大，填充的范围越大，如图 3-48 所示。

图3-48 设置不同【容差】值时的填充效果对比

- 【连续的】：勾选此复选框，利用【油漆桶】工具填充时，只能填充与鼠标单

击处颜色相近且相连的区域；若不勾选此复选框，则可以填充与鼠标单击处颜色相近的所有区域，如图 3-49 所示。

图3-49 勾选【连续的】前后的填充效果对比

- 【所有图层】：勾选此复选框，填充的范围是图像文件中的所有图层。

3.2 编辑工具

编辑工具的主要功能是对有缺陷的原图像进行修复、修饰或进一步编辑，可以使原图像得到更理想的效果或处理成更加漂亮的艺术效果。

 命令简介

- 【污点修复画笔】工具 ：使用此工具，可以快速去除照片中的污点，尤其是对人物面部的疤痕、雀斑等小面积范围内的缺陷修复最为有效。
- 【修复画笔】工具 ：使用此工具，可以用复制的图像或已经定义的图案对图像进行修复处理。
- 【修补】工具 ：使用此工具，可以通过移动选区对图像进行修复处理。
- 【红眼】工具 ：使用此工具，可以迅速修复红眼效果。
- 【颜色替换】工具 ：使用此工具，可以对图像中的特定颜色进行替换。
- 【仿制图章】工具 ：使用此工具，可以通过指定复制点复制图像。
- 【图案图章】工具 ：使用此工具，可以通过将要复制的图像定义为图案，然后对其进行复制。
- 【历史记录画笔】工具 ：使用此工具，可以将图像中新绘制的部分恢复到图像打开时的画面。
- 【历史记录艺术画笔】工具 ：使用此工具可以在图像中产生特殊的艺术效果。
- 【橡皮擦】工具 ：使用此工具，可以将图像进行擦除。当擦除背景层时，被擦除的区域露出背景色。当擦除普通层时，被擦除的区域显示为透明色。
- 【背景色橡皮擦】工具 ：使用此工具，可以擦除图像中特定的颜色，无论是在背景层还是在普通层上，它都会将图像擦除为透明色。
- 【魔术橡皮擦】工具 ：此工具的功能与【魔棒】工具的工作原理非常相似，使用时只需在要擦除的颜色范围内单击，即可擦除与该颜色相近的颜色。
- 【模糊】工具 ：使用此工具，可以对图像进行模糊处理。其工作原理是通过降低像素之间的色彩反差，使图像变得模糊。
- 【锐化】工具 ：使用此工具，可以对图像进行锐化处理。其工作原理是通过增大像素之间的色彩反差，使图像产生锐化效果。

- 【涂抹】工具 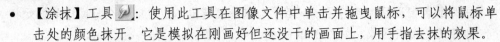：使用此工具在图像文件中单击并拖曳鼠标，可以将鼠标单击处的颜色抹开。它是模拟在刚画好但还没干的画面上，用手指去抹的效果。
- 【减淡】工具 ：使用此工具在图像文件中单击并拖曳鼠标，可以对鼠标光标经过的区域进行提亮加光处理，从而使图像变亮。
- 【加深】工具 ：使用此工具在图像文件中单击并拖曳鼠标，可以对鼠标光标经过的区域进行遮光变暗处理，从而使图像变暗。
- 【海绵】工具 ：使用此工具在图像文件中单击并拖曳鼠标，可以对鼠标光标经过的区域进行变灰或提纯处理，从而改变图像的饱和度。

3.2.1 【污点修复画笔】工具的应用

【例3-3】 利用【污点修复画笔】工具 来修复人物面部的疤痕，如图 3-50 所示。

图3-50 疤痕修复前后的效果对比

操作步骤

(1) 打开素材文件中名为"T3-04.jpg"的图片文件。

(2) 选择【缩放】工具 ，在人物面部位置按住鼠标左键并向右下角拖曳，对照片中需要修复的位置局部放大显示，以便更加精确地查看和修复图像。

(3) 选择 工具，在属性栏中设置一个合适的笔头（比要修复的区域稍大一点的画笔最为适合），然后在要修复的位置单击或按住鼠标左键拖曳，即可修复掉面部的缺陷，如图 3-51 所示。

(4) 在修复不同大小的雀斑时，要注意画笔笔头大小的调整，只要细心地修复，是非常容易完成此项工作的，修复完成后的效果如图 3-52 所示。

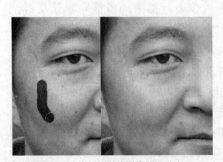

图3-51 修复前后的图像效果对比　　　　　　　　图3-52 修复完成后的效果

(5) 按 Shift+Ctrl+S 组合键，将此文件另命名为"修复疤痕.jpg"保存。

 知识链接

本节介绍了【污点修复画笔】工具的基本使用方法，下面介绍【污点修复画笔】工具的属性栏以及【修复画笔】工具 的使用方法。

1. 【污点修复画笔】工具的属性栏

【污点修复画笔】工具的属性栏如图 3-53 所示。

图3-53 【污点修复画笔】工具的属性栏

- 【类型】：选择【近似匹配】选项，将自动选取相匹配的颜色来修复图像中的缺陷；选择【创建纹理】选项，在修复图像缺陷后会自动生成一层纹理。
- 【对所有图层取样】：勾选此复选框，可以在所有可见图层中取样；不勾选此复选框，则只能在当前图层中取样。

2. 【修复画笔】工具

【修复画笔】工具 与【污点修复画笔】工具 的修复原理基本相似，都是将目标位置的图像与修复位置的图像进行融合后得到理想的匹配效果。但使用【修复画笔】工具时需要先设置取样点，即按住 Alt 键，用鼠标光标在取样点位置单击（鼠标单击处的位置为复制图像的取样点），松开 Alt 键，然后在需要修复的图像位置按住鼠标左键拖曳，即可对图像中的缺陷进行修复，并使修复后的图像与取样点位置图像的纹理、光照、阴影和透明度相匹配，从而使修复后的图像不留痕迹地融入图像中，此工具对于较大面积的图像缺陷修复也非常有效。

【修复画笔】工具 的属性栏如图 3-54 所示。

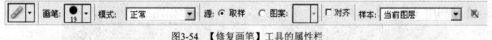

图3-54 【修复画笔】工具的属性栏

- 【源】：点选【取样】单选按钮，然后按住 Alt 键在适当位置单击，可以将该位置的图像定义为取样点，以便用定义的样本来修复图像；点选【图案】单选按钮，可以在其右侧的图案窗口中选择一种图案来与图像混合得到图案混合的修复效果。
- 【对齐】：勾选此复选框，将进行规则图像的复制，即多次单击或拖曳鼠标光标，最终将复制出一个完整的图像，若想再复制一个相同的图像，必须重新取样；若不勾选此复选框，则进行不规则复制，即多次单击或拖曳鼠标光标，每次都会在相应位置复制一个新图像。

3. 【红眼】工具

在夜晚或光线较暗的房间里拍摄人像照片时，由于视网膜的反光作用，往往会出现红眼效果，而利用【红眼】工具 可以迅速地修复这种红眼效果。其使用方法非常简单，在工具箱中选取 工具，在属性栏中设置合适的【瞳孔大小】和【变暗量】选项后，在人物的红眼位置单击一下即可校正红眼，图 3-55 所示为去除红眼前后的对比效果。

第3章 绘画和编辑工具的应用

71

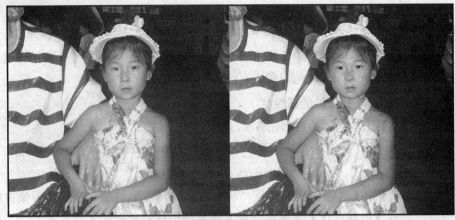

图3-55 去除红眼前后的对比效果

【红眼】工具 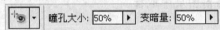 的属性栏如图 3-56 所示。

图3-56 【红眼】工具的属性栏

- 【瞳孔大小】: 用于设置增大或减小受红眼工具影响的区域。
- 【变暗量】: 用于设置校正的暗度。

3.2.2 【修补】工具的应用

利用【修补】工具 可以用图像中相似的区域或图案来修复有缺陷的部位或制作合成效果，与【修复画笔】工具 一样，【修补】工具会将设定的样本纹理、光照和阴影与源图像区域进行混合后得到理想的效果。

【例3-4】 利用【修补】工具来去除照片中多余的电线，如图 3-57 所示。

图3-57 原照片与去掉电线后的效果

操作步骤

(1) 打开素材文件中名为 "T3-05.jpg" 的图片文件。

(2) 选择【修补】工具 ，点选属性栏中的 ⊙源 单选按钮，然后在照片背景中的电线位置绘制选区，将电线选择，如图 3-58 所示。

(3) 在选区内按住鼠标左键向画面上边干净的山背景位置拖曳，如图 3-59 所示。

图3-58 绘制的选区

图3-59 拖曳选区

(4) 释放鼠标左键，即可利用没有电线位置的背景覆盖电线，效果如图 3-60 所示。

(5) 将右侧的电线选择，然后用画面上边干净的山背景来覆盖，去掉电线后的效果如图 3-61 所示。

图3-60 拖曳鼠标时的状态

图3-61 修复后的效果

要点提示

　　由于利用【修补】工具 修复图像时是利用目标图像来覆盖被修复的图像，且它们之间经过颜色重新匹配混合后得到的混合效果，所以有时会出现不能一次性覆盖得到理想的效果，这时重复几次修复操作就可以得到理想的颜色匹配效果了。

(6) 按 Shift+Ctrl+S 组合键，将此文件命名为"去除电线.jpg"保存。

知识链接

本节介绍了【修补】工具的基本使用方法，下面介绍【修补】工具 及【颜色替换】工具属性栏中各选项的作用。

1. 【修补】工具属性栏

【修补】工具的属性栏如图 3-62 所示。

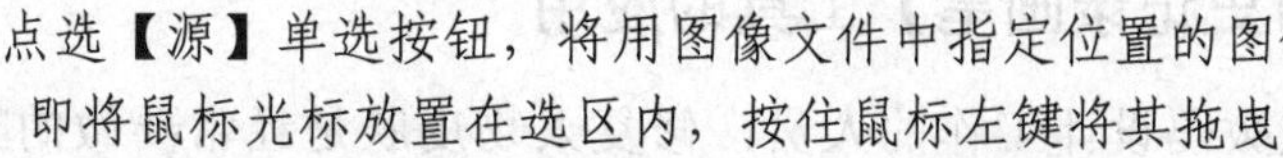

图3-62 【修补】工具的属性栏

- 【修补】：点选【源】单选按钮，将用图像文件中指定位置的图像来修复选区内的图像。即将鼠标光标放置在选区内，按住鼠标左键将其拖曳到用来修复图像的指定区域，释放鼠标左键后会自动用指定区域的图像来修复选区内的图像。点选【目标】单选按钮，将用选区内的图像修复图像文件中的其他区域，即将鼠标光标放置在选区内，按住鼠标左键将其拖曳到需要修补的位置，释放鼠标左键后会自动用选区内的图像来修复鼠标释放处的图像。

73

- 【透明】：勾选此复选框，在复制图像时，复制的图像将产生透明效果；若不勾选此项，复制的图像将覆盖原来的图像。
- <u>使用图案</u>按钮：创建选区后，在右侧的图案窗口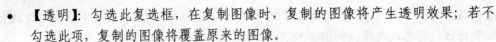中选择一种图案类型，然后单击此按钮，可以用指定的图案修补源图像。

2. 【颜色替换】工具

【颜色替换】工具 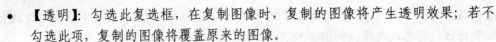可以对图像中的特定颜色进行替换。其使用方法是在工具箱中选择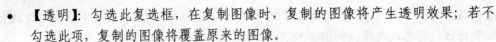工具，设置为图像要替换的颜色，在属性栏中设置【画笔】笔头、【模式】、【取样】、【限制】、【容差】等各选项，在图像中要替换颜色的位置按住鼠标左键并拖曳，即可用设置的前景色替换鼠标光标拖曳位置的颜色，图 3-63 所示为照片原图与替换颜色后的效果。

图3-63　照片原图与替换颜色后的效果

【颜色替换】工具 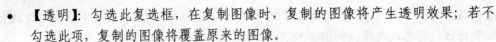的属性栏如图 3-64 所示。

图3-64　【颜色替换】工具的属性栏

- 【取样】按钮：用于指定替换颜色取样区域的大小。激活【连续】按钮，将连续取样来对鼠标拖曳经过的位置替换颜色；激活【一次】按钮，只替换第一次单击鼠标取样区域的颜色；激活【背景色板】按钮，只替换画面中包含有背景色的图像区域。
- 【限制】：用于限制替换颜色的范围。选择【不连续】选项，将替换出现在鼠标指针下任何位置的颜色；选择【连续】选项，将替换与紧挨鼠标指针下的颜色邻近的颜色；选择【查找边缘】选项，将替换包含取样颜色的连接区域，同时更好地保留图像边缘的锐化程度。
- 【容差】：指定替换颜色的精确度，此值越大替换的颜色范围越大。
- 【消除锯齿】：可以为替换颜色的区域指定平滑的边缘。

3.2.3 【历史记录画笔】工具的应用

对于做画册或数码设计工作的人员，修复人物皮肤是经常要做的工作，如果用【图章】或【修复画笔】工具一点点修，不仅会花很多时间，而且最后出来的效果还不一定好，如果工具使用不灵活，还会导致脸上出现大块色斑。利用【历史记录画笔】工具和【历史记录】面板相结合，则能一次全部清除人物脸上的痘痘或者其他的雀斑。

【例3-5】　利用【历史记录画笔】工具 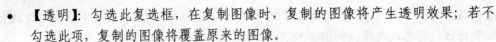给人物美容皮肤，如图 3-65 所示。

图3-65 范例原图及修复后的效果

操作步骤

(1) 打开素材文件中名为"T3-03.jpg"的图片文件。

利用放大工具将人物的面部放大，仔细观察会发现脸上有一些小痘痘。

(2) 执行【滤镜】/【杂色】/【蒙尘与划痕】命令，弹出【蒙尘与划痕】对话框，参数设置 如图 3-66 所示（半径不能设置得太大，过大了会导致脸部的细节被完全损失）。单击 确定 按钮，效果如图 3-67 所示。

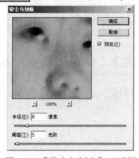

图3-66 【蒙尘与划痕】对话框

图3-67 皮肤效果

(3) 再执行【滤镜】/【模糊】/【高斯模糊】命令，弹出【高斯模糊】对话框，参数设置如 图 3-68 所示（参数同样不能设得太大），单击 确定 按钮。

此时，整个画面都变得模糊了，而脸部的嘴唇、眼睛、眉毛、鼻孔、脸部轮廓及额头 上的头发是不需要模糊的，下面就利用【历史记录画笔】工具 将这些部位还原出来。

(4) 选择 工具，将画笔设置为小笔头的软画笔，此处用的是【主直径】大小为"40 px"， 【不透明度】为"50%"的画笔，仔细地将嘴唇、鼻子、眼睛、眉毛、脸部轮廓线及额 头上的头发还原。图 3-69 所示为还原后的面部效果。

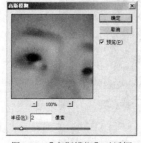

图3-68 【高斯模糊】对话框

图3-69 还原后的面部效果

(5) 按 Ctrl + O 组合键，将画面全部显示，选择较大的软画笔，【不透明度】参数设为

"100%"，将除脸部以外的部分全部修复还原，要修复的只是脸上的痘痘，脸部以外的部分是不需要模糊的，还原后的效果如图 3-70 所示。

此时人物脸上的痘痘已经被修复了，但是整个画面感觉有点灰，需要调整一下亮度使人物看上去更漂亮。

(6) 按 Ctrl + J 组合键，将"背景"层复制为"图层 1"，设置图层混合模式为"滤色"，【不透明度】为"40%"，此时的画面效果如图 3-71 所示。

图3-70 还原后的效果　　　　　　　　图3-71 画面效果

(7) 按 Shift + Ctrl + S 组合键，将此文件另命名为"修复皮肤.psd"保存。

案例小结　　　本节通过修复人物的皮肤，介绍了【历史记录画笔】工具的基本使用方法，在使用此工具时，所应用的文件必须是打开的已经保存过的文件。如果将文件进行了裁切、另命名保存过或者新建的文件，使用此工具都将无法执行恢复操作。

3.2.4 【历史记录艺术画笔】工具的应用

利用【历史记录艺术画笔】工具 可以给图像加入绘画风格的艺术效果，表现出一种画笔的笔触质感。选用 工具，只需在图像上拖曳鼠标光标即可完成非常漂亮的艺术图像制作。

【例3-6】 利用【历史记录艺术画笔】工具 来制作图 3-72 所示的油画效果。

图3-72 原图与制作的油画效果

 **操作步骤**

(1) 打开素材文件中名为"美女.jpg"的图片文件。

(2) 选择【历史记录艺术画笔】工具，设置属性栏中的参数如图3-73所示。

| 画笔: 6 | 模式: 正常 | 不透明度: 100% | 样式: 绷紧中 | 区域: 20 px | 容差: 0% |

图3-73 【历史记录艺术画笔】工具的属性栏

(3) 新建"图层 1"，然后利用小笔头的画笔在画面中涂抹，在涂抹人物面部位置时，笔头一定要设的再小一些，此处用的是"2 px"的笔头，描绘的效果如图 3-74 所示。

(4) 为了确保将画面中的每个区域都能用画笔笔触覆盖，可以先通过单击"背景"层左侧的 图标暂时隐藏"背景"层来查看描绘的效果，如图 3-75 所示。

图3-74 描绘后的面部效果

图3-75 隐藏背景层后的效果

(5) 在脸部、头发、衣服以及背景色块面积较大的区域可以用较大的画笔笔头来描绘，这样描绘出的笔触会有大小变化，但人物轮廓边缘位置还是要仔细描绘，描绘完成后的效果如图 3-76 所示。

(6) 打开素材文件中名为"笔触.jpg"的图片文件，利用 工具将笔触图片移动复制到"海边美女.jpg"文件中。

(7) 利用【自由变换】命令将"笔触"图片调整至与画面相同的大小。在【图层】面板中，将生成"图层 2"的图层混合模式设置为"柔光"，设置【不透明度】参数为"40%"，这样油画的笔触纹理效果就更加明显了，效果如图 3-77 所示。

图3-76 描绘完成的效果

图3-77 制作完成的油画效果

(8) 按 Shift+Ctrl+S 组合键，将此文件另命名为"油画效果.psd"保存。

知识链接

本节通过油画效果的制作，介绍了【历史记录艺术画笔】工具的基本使用方法，在制作油画效果时，笔头的大小是最终效果是否细腻的关键，希望读者通过练习好好体会。

【历史记录艺术画笔】工具的属性栏如图 3-78 所示。

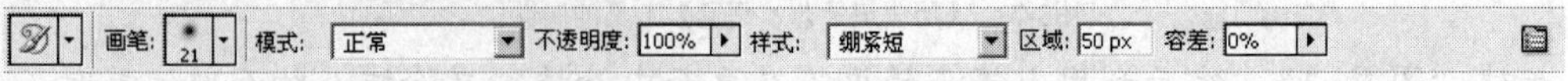

图3-78 【历史记录艺术画笔】工具的属性栏

- 【样式】：设置【历史记录艺术画笔】工具的艺术风格。选择各种艺术风格选项所绘制的图像效果如图 3-79 所示。

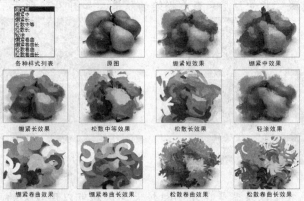

图3-79 选择不同的样式产生的不同效果

- 【区域】：指【历史记录艺术画笔】工具所产生艺术效果的感应区域，数值越大，产生艺术效果的区域越大，反之越小。
- 【容差】：限定原图像色彩的保留程度，数值越大与原图像越接近。

3.2.5 【仿制图章】工具的应用

【仿制图章】工具 的功能是复制和修复图像，它通过在图像中按照设定的取样点来覆盖原图像或应用到其他图像中来完成图像的复制操作。

【例3-7】 利用【仿制图章】工具来制作图 3-80 所示的图像合成效果。

 操作步骤

(1) 打开素材文件中名为 "T3-10.jpg" 的图片文件。

(2) 选择【仿制图章】工具 ，按住 Alt 键，将鼠标光标移动到图 3-81 所示的人物身上位置单击设置取样点，然后设置属性栏中的各选项及参数如图 3-82 所示。

图3-80 图像合成后的效果

图3-81 设置取样点的位置

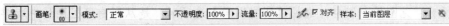

图3-82 【仿制图章】工具的属性栏设置

(3) 新建"图层 1"，将鼠标光标水平向右移动到大约和取样点相同高度的位置，按住鼠标左键并拖曳，此时将按照设定的取样点来复制人物图像，状态如图 3-83 所示。

(4) 继续拖曳鼠标光标复制出人物的全部图像，效果如图 3-84 所示。

图3-83 复制图像时的状态

图3-84 复制出的全部图像

(5) 由于近大远小的透视关系，需要把复制出的人物调整得大一点。按 Ctrl+T 组合键，为复制出的图像添加变换框，然后将图片调整到图 3-85 所示的大小，按 Enter 键确认图片大小调整。

(6) 选择 ✐ 工具，将复制出的人物周围多余的背景擦除掉，使复制出的人物很自然地与背景衔接在一起，效果如图 3-86 所示。

图3-85 放大图片状态

图3-86 衔接自然后的效果

(7) 按 Shift+Ctrl+S 组合键，将此文件另命名为"仿制图章练习.psd"保存。

 知识链接

本节介绍了【仿制图章】工具的基本使用方法，利用此工具不但可以在当前图像文件中复制图像，在两个颜色模式相同的文件之间也可以进行复制，课下读者可以自己练习一下。

【仿制图章】工具 ⚏ 的属性栏如图 3-87 所示。

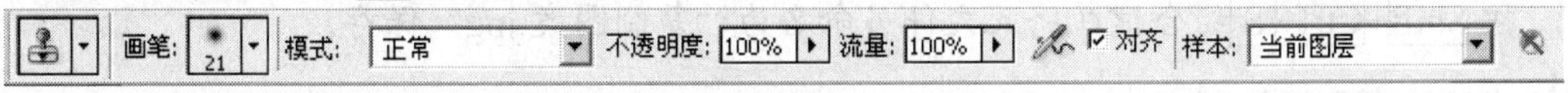

图3-87 【仿制图章】工具的属性栏

- 【对齐】：勾选此复选框复制出的图像是规则的，即多次单击或拖曳鼠标光标，最终只能按照一个指定的位置复制出一个完整的图像，若想再复制一个相同的图像，必须重新取样；不勾选此复选框，复制的图像则是不规则的，即多次单击或拖曳鼠标光标时，每次都会在相应位置复制一个新图像。
- 【样本】：设置从指定的图层中取样。选择【当前图层】选项时，是在当前图层中取样；选择【当前和下方图层】选项时，是从当前图层及其下方图层中的

所有可见图层中取样；选择【所有图层】选项时，是从所有可见图层中取样；如激活右侧的【忽略调整图层】按钮 ，将从调整图层以外的可见图层中取样。选择【当前图层】选项时此按钮不可用。

3.2.6 【图案图章】工具的应用

利用【图案图章】工具 可以快速地复制图案，使用的图案可以从属性栏中的【图案】面板中选择，也可以将自己喜欢的图像定义为图案后使用。

【例3-8】 利用【图案图章】工具来制作图 3-88 所示的图案效果。

 操作步骤

(1) 打开素材文件中名为"图案.jpg"的花卉图片，如图 3-89 所示。

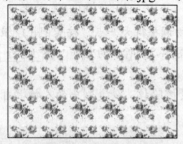

图3-88 复制出的图案效果

图3-89 选择的图案

(2) 执行【编辑】/【定义图案】命令，在弹出图 3-90 所示的【图案名称】对话框中单击 确定 按钮，将该图片定义为图案。

(3) 选择【图案图章】工具 ，单击属性栏中的 按钮，在弹出的【图案选项】面板中选择图 3-91 所示的图案，然后勾选属性栏中的☑对齐复选框。

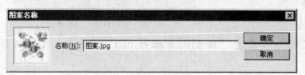

图3-90 【图案名称】对话框

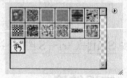

图3-91 选择的图案

(4) 新建一个【宽度】为"20 厘米"，【高度】为"15 厘米"，【分辨率】为"150 像素/英寸"，【颜色模式】为"RGB 颜色"，【背景内容】为"白色"的文件。

(5) 在【图案图章】工具属性栏中设置好合适的画笔直径后在画面中按下鼠标左键并拖曳，即可完成图案的复制。

(6) 按 Shift+Ctrl+S 组合键，将此文件另命名为"复制图案.jpg"保存。

 知识链接

本节简单介绍了【图案图章】工具的使用方法，下面来介绍该工具的属性栏。

【图案图章】工具 的属性栏如图 3-92 所示。

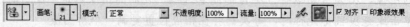

图3-92 【图案图章】工具的属性栏

● 【图案】按钮 ：单击此按钮，弹出【图案】选择面板。

- 【印象派效果】: 勾选此复选框，可以绘制随机产生的印象色块效果。

在定义图案时，如果要将打开的图案定义为图案，可直接执行【编辑】/【定义图案】命令。如果要将图像中的某一部分设置为样本图案，就要先将定义图案的部分选择，选择图案时使用的选框工具必须为【矩形选框】工具，且属性栏中的【羽化】值必须为"0"。选择好定义的图案后，再执行【编辑】/【定义图案】命令将其定义即可。

3.2.7 【魔术橡皮擦】工具的应用

【例3-9】 利用【魔术橡皮擦】工具去除图像的背景，然后为其更换新的背景，原图像及更换背景后的效果如图 3-93 所示。

图3-93 原图像及更换背景后的效果

操作步骤

(1) 打开素材文件中名为"宝宝.jpg"的图片文件。

(2) 选择【魔术橡皮擦】工具 ，设置属性栏中 容差: 32 的参数为"32"，然后将鼠标光标移动到如图 3-94 所示的位置单击，即可将此处的背景擦除，且背景层转换为普通层，如图 3-95 所示。

图3-94 鼠标光标放置的位置　　　　　　　　图3-95 擦除背景后的效果

(3) 设置属性栏中【容差】的参数为"20"，然后将鼠标光标移动到右侧的红色背景位置单击，将此处的背景擦除，效果如图 3-96 所示。

(4) 移动鼠标光标至右下角的红色背景位置单击，将此处的背景擦除，效果如图 3-97 所示。

图3-96 擦除背景后的效果　　　　　　　　图3-97 擦除背景后的效果

(5) 打开素材文件中名为 "背景.jpg" 的图片文件,如图 3-98 所示。

(6) 利用【移动】工具 将 "背景" 图片移动复制到 "宝宝.jpg" 文件中,【图层】面板中自动生成 "图层 1"。

(7) 执行【图层】/【排列】/【后移一层】命令,将 "图层 1" 调整到 "图层 0" 的下面,效果如图 3-99 所示。

图3-98 打开的图片

图3-99 调整图层顺序后的效果

(8) 按 Ctrl+T 组合键,为 "背景" 添加自由变换框,将其放大后调整至图 3-100 所示的形态。

(9) 单击属性栏中的 √ 按钮,即可完成背景的更换操作,最终效果如图 3-101 所示。

图3-100 调整后的效果

图3-101 更换背景后的效果

(10) 按 Shift+Ctrl+S 组合键,将此文件另命名为 "换背景.psd" 保存。

 知识链接

本节简单介绍了【橡皮擦】工具的使用方法,下面来介绍该工具的属性栏以及其他一些图像编辑工具的基本使用方法和属性栏选项的功能。

1. 【橡皮擦】工具

利用【橡皮擦】工具 擦除图像时,当在背景层或被锁定透明的普通层中擦除时,被擦除的部分将更改为工具箱中显示的背景色;当在普通层擦除时,被擦除的部分将显示为透明色,效果如图 3-102 所示。

图3-102 【橡皮擦】工具两种不同图层的擦除效果

【橡皮擦】工具的属性栏如图3-103所示。

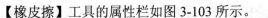

图3-103 【橡皮擦】工具的属性栏

- 【模式】：用于设置橡皮擦擦除图像的方式，包括【画笔】、【铅笔】和【块】3个选项。

- 【抹到历史记录】：勾选了此复选框，【橡皮擦】工具就具有了【历史记录画笔】工具的功能。

2. 【背景橡皮擦】工具

利用【背景橡皮擦】工具 擦除图像时，无论是在背景层还是普通层上，都可以将图像中的特定颜色擦除为透明色，并且将背景层自动转换为普通层，效果如图3-104所示。

图3-104 使用【背景橡皮擦】工具擦除后的效果

【背景橡皮擦】工具的属性栏如图3-105所示。

图3-105 【背景橡皮擦】工具的属性栏

- 【取样】：用于控制背景橡皮擦的取样方式。激活【连续】按钮 ，拖曳鼠标光标擦除图像时，将随着鼠标光标的移动随时取样；激活【一次】按钮 ，只替换第 1 次按下鼠标左键时取样的颜色，在拖曳鼠标光标的过程中不再取样；激活【背景色板】按钮 ，不在图像中取样，而是由工具箱中的背景色决定擦除的颜色范围。

- 【限制】：用于控制背景橡皮擦擦除颜色的范围。选择【不连续】选项，可以擦除图像中所有包含取样的颜色；选择【连续】选项，只能擦除所有包含取样颜色且与取样点相连的颜色；选择【查找边缘】选项，在擦除图像时将自动查找与取样点相连的颜色边缘，以便更好地保持颜色边界。

- 【保护前景色】：勾选此复选框，将无法擦除图像中与前景色相同的颜色。

3. 【魔术橡皮擦】工具

【魔术橡皮擦】工具 具有【魔棒】工具的特征。当图像中含有大片相同或相近的颜色时，利用【魔术橡皮擦】工具在要擦除的颜色区域内单击鼠标左键，可以一次性擦除图像中所有与其相同或相近的颜色，并可以通过【容差】值来控制擦除颜色的范围。

4. 【模糊】、【锐化】和【涂抹】工具

利用【模糊】工具 可以降低图像色彩反差来对图像进行模糊处理，从而使图像边缘变得模糊；【锐化】工具 恰好相反，它是通过增大图像色彩反差来锐化图像，从而使图像

色彩对比更强烈；【涂抹】工具  主要用于涂抹图像，使图像产生类似于在未干的画面上用手指涂抹的效果。原图像和经过模糊、锐化、涂抹后的效果，如图 3-106 所示。

图3-106　原图像和经过模糊、锐化、涂抹后的效果

这 3 个工具的属性栏基本相同，只是【涂抹】工具的属性栏中多了一个【手指绘画】选项，如图 3-107 所示。

图3-107　【涂抹】工具的属性栏

- 【模式】：用于设置色彩的混合方式。
- 【强度】：此选项中的参数用于调节对图像进行涂抹的程度。
- 【用于所有图层】：若不勾选此选项，只能对当前图层起作用；若勾选此选项，则可以对所有图层起作用。
- 【手指绘画】：不勾选此复选框，对图像进行涂抹只是使图像中的像素和色彩进行移动；勾选此复选框，则相当于用手指蘸着前景色在图像中进行涂抹。

这几个工具的使用方法都非常简单，选择相应工具，在属性栏中选择适当的笔头大小及形状，然后将鼠标光标移动到图像文件中按下鼠标左键并拖曳，即可处理图像。

5.　【减淡】和【加深】工具的属性栏

利用【减淡】工具 可以对图像的阴影、中间色和高光部分进行提亮和加光处理，从而使图像变亮；【加深】工具 则可以对图像的阴影、中间色和高光部分进行遮光变暗处理，图像变亮、变暗、变灰和提纯处理后的效果如图 3-108 所示。

图3-108　原图像和减淡、加深、去色、加色后的效果

这两个工具的属性栏完全相同，如图 3-109 所示。

图3-109　【减淡】和【加深】工具的属性栏

- 【范围】：包括【阴影】、【中间调】和【高光】3 个选项。选择【阴影】选项时，主要对图像暗部区域减淡或加深；选择【高光】选项，主要对图像亮部区域减淡或加深；选择【中间调】选项，主要对图像中间的灰色调区域减淡或加深。

- **【曝光度】**: 设置对图像减淡或加深处理时的曝光强度, 数值越大, 减淡或加深效果越明显。

6. 【海绵】工具属性栏

【海绵】工具 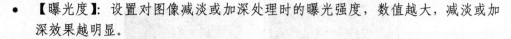 可以对图像进行变灰或提纯处理, 从而改变图像的饱和度, 该工具的属性栏如图 3-110 所示。

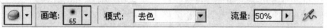

图3-110 【海绵】工具的属性栏

- **【模式】**: 主要用于控制【海绵】工具的作用模式, 包括【去色】和【加色】两个选项。选择【去色】选项, 【海绵】工具将对图像进行变灰处理以降低图像的饱和度; 选择【加色】选项, 【海绵】工具将对图像进行加色以增加图像的饱和度。
- **【流量】**: 控制去色或加色处理时的强度, 数值越大, 效果越明显。

小结

本章主要讲解了各种绘画、修复、修饰等编辑工具的使用方法, 读者应做到在绘图过程中分清各种工具的功能, 并能熟练运用相应工具来绘制和编辑修饰图像。另外, 读者应了解【画笔预设】面板中各参数及选项的设置, 并掌握各种工具的综合运用, 达到学以致用的目的。

习题

1. 灵活运用【定义画笔】命令、【画笔】工具及【画笔预设】面板, 制作出如图 3-111 所示的底纹效果。用到的图片素材为本书素材文件 "图库\第 03 章" 目录下名为 "向日葵.psd" 的文件。

2. 用本章学习的【渐变】工具绘制出如图 3-112 所示的苹果图形。

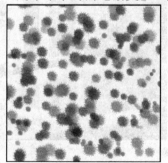

图3-111 制作的底纹效果

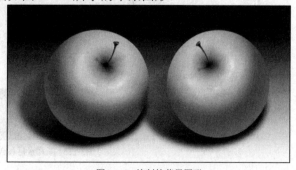

图3-112 绘制的苹果图形

3. 用本章介绍的【污点修复画笔】工具修复有污点的老照片, 原图与修复后的效果如图 3-113 所示。图片为本书素材文件 "图库\第 03 章" 目录下名为 "T3-16.jpg" 的文件。

3
章

绘画和编辑工具的应用

图3-113　图片素材与去除污点后的效果

4.　用本章介绍的【仿制图章】工具，制作合成图 3-114 所示的衬衣效果。图片为本书素材文件"图库\第 03 章"目录下名为"T3-14.jpg"和"T3-15.jpg"的图像文件。

图3-114　图片素材与合成后的效果

5.　用【橡皮擦】工具擦除图片中的天空背景，然后用准备的天空图片与教堂图片合成，效果如图 3-115 所示。图片为本书素材文件"图库\第 03 章"目录下名为"T3-17.jpg"和"T3-18.jpg"的文件。

图3-115　图片素材与合成后的效果

第4章 路径和矢量图形工具的应用

由于使用路径和矢量图形工具可以绘制较为精确的图形，且易于操作，所以在实际工作过程中它们被广泛应用。它们在绘制图像和图形处理过程中的功能非常强大，特别是在特殊图像的选择与图案的绘制方面，路径工具具有较强的灵活性。本章将介绍有关路径和矢量图形的工具。

4.1 路径的构成

路径是由一条或多条线段或曲线组成的，每一段都有锚点标记，通过编辑路径的锚点，可以很方便地改变路径的形状。在曲线上，每个选中的锚点显示一条或两条调节柄，用来控制点结束。调节柄和控制点的位置决定曲线的大小和形状。移动这些元素将改变路径中曲线的形状。图 4-1 所示为路径构成说明图，其中角点和平滑点都属于路径的锚点，选中的锚点显示为实心方形，而未选中的锚点显示为空心方形。

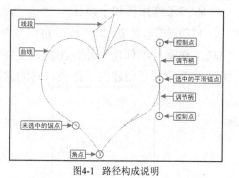

图4-1 路径构成说明

 命令简介

- 闭合路径：创建的路径其起点与终点重合为一点的路径。
- 开放路径：创建的路径其起点与终点没有重合的路径。
- 工作路径：创建完成的路径为工作路径，它可以包括一个或多个子路径。

- 子路径：利用【钢笔】或【自由钢笔】工具创建的每一个路径都是子路径。

【例4-1】 利用【钢笔】工具，创建图 4-2 所示的开放路径和闭合路径。

 操作步骤

(1) 选择 ⬢ 工具，激活属性栏中的【路径】按钮 ▦，将鼠标光标移动到文件中连续单击左键，可以创建由线段构成的路径，如图 4-3 所示。

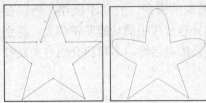

图4-2 创建的路径

图4-3 创建由直线线段构成的路径

(2) 在文件中连续多次单击并拖曳鼠标光标，可以创建曲线路径，如图 4-4 所示。

(3) 在创建路径时，当鼠标移动到创建路径的起始点位置时，鼠标的右下角会出现一个圆圈的标志，此时单击鼠标左键即可闭合路径，如图 4-5 所示。

图4-4 创建由曲线构成的路径

图4-5 路径闭合时的状态和闭合后的状态

 案例小结

在闭合路径前，按住 Ctrl 键，然后在文件中的任意位置单击鼠标左键，可以创建不闭合的路径；按住 Shift 键，可以创建 45° 倍数的路径。

 知识链接

1. 闭合路径和开放路径

利用 ⬢ 工具或 ⬢ 工具，在图像文件中创建的路径有两种形态，分别为闭合路径和开放路径，如图 4-6 所示。闭合路径一般用于图形和形状的绘制，开放路径用于曲线和线段的绘制。

2. 工作路径和子路径

利用 ⬢ 工具或 ⬢ 工具，每一次创建的路径都是一个子路径。所有子路径创建后，即完成工作路径的创建，此时在图像文件中创建的所有子路径组成一个新的工作路径。图 4-7 所示的路径都是创建的子路径，它们共同构成一个工作路径。

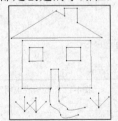

图4-6 闭合路径和开放路径

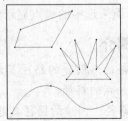

图4-7 工作路径

4.2 路径工具的应用

　　路径工具是一种矢量绘图工具，主要包括【钢笔】、【自由钢笔】、【添加锚点】、【删除锚点】、【转换点】、【路径选择】和【直接选择】工具，利用这些工具可以精确地绘制直线或光滑的曲线路径，并可以对它们进行精确的调整。

 **命令简介**

- 【钢笔】工具 ⌧：利用此工具，可以创建工作路径或形状图形。
- 【自由钢笔】工具 ⌧：利用此工具，可以自由绘制工作路径或形状图形。
- 【添加锚点】工具 ⌧：利用此工具，可以在工作路径上添加锚点。
- 【删除锚点】工具 ⌧：利用此工具，可以删除工作路径上的锚点。
- 【转换点】工具 ⌧：使用此工具，可以调整工作路径中的锚点。单击路径上的平滑点，可以将其转换为角点；拖曳路径上的角点，可以将其转换为平滑点。
- 【路径选择】工具 ⌧：使用此工具，可以对子路径进行选择、移动和复制。当子路径上的锚点全部显示为黑色时，表示该路径被选择。
- 【直接选择】工具 ⌧：使用此工具，可以选择或移动子路径上的锚点，还可以移动或调整平滑点两侧的方向点。

4.2.1 利用路径工具绘制标志图形

【例4-2】 利用路径工具绘制出如图 4-8 所示的标志图形。

图4-8 绘制的标志

操作步骤

(1) 新建一个【宽度】为"25 厘米"，【高度】为"13 厘米"，【分辨率】为"120 像素/英寸"，【颜色模式】为"RGB 颜色"，【背景内容】为"白色"的文件。

(2) 新建"图层 1"，选择 ⌧工具，激活属性栏中的 ⌧按钮，在画面中先绘制如图 4-9 所示标志的大体形状路径。

(3) 选择 ⌧工具，将鼠标光标移动到钢笔路径的节点上，按住鼠标左键并拖曳，此时将出现两条控制柄，如图 4-10 所示，通过调整控制柄的长度和方向，从而调整节点两侧路径的弧度。

(4) 用与步骤 3 相同的方法，将路径调整成如图 4-11 所示的形态，然后按 Ctrl + Enter 组合键，将路径转换为选区。

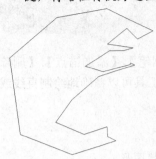

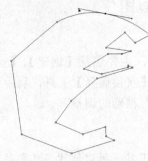

图4-9 绘制的路径　　　　　　　图4-10 出现的调解柄　　　　　　图4-11 调整后的路径形态

(5) 将前景色设置为蓝色（G:66,B:175），并按 Alt + Delete 组合键，为选区填充前景色，然后按 Ctrl + D 组合键去除选区，填充颜色后的效果如图 4-12 所示。

(6) 选择 ◯ 工具，绘制出如图 4-13 所示的椭圆形选区，并按 Delete 键，将选择的内容删除，效果如图 4-14 所示，然后按 Ctrl + D 组合键去除选区。

图4-12 填充颜色后的效果　　　　　图4-13 绘制的选区　　　　　　图4-14 删除后的效果

(7) 利用 ◊ 和 ⌐ 工具，绘制并调整出如图 4-15 所示的路径，然后按 Ctrl + Enter 组合键，将路径转换为选区。

(8) 按 Alt + Delete 组合键，为选区填充前景色，效果如图 4-16 所示。

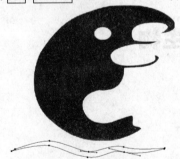

图4-15 绘制的路径　　　　　　　　　　图4-16 填充颜色后的效果

(9) 选择 ➧ 工具，按住 Alt 键，将鼠标光标放置到选区内，按住左键并向下拖曳鼠标，将选区内的图形向下移动复制。

(10) 按 Ctrl + T 组合键，为复制出的图形添加自由变换框，并按住 Shift + Alt 组合键，将图形以中心等比例缩小至如图 4-17 所示的形态，然后按 Enter 键，确认图形的变换操作。

(11) 选择 T 工具，在画面中依次输入如图 4-18 所示的黑色文字，完成标志的设计。

图4-17 调整后的图形形态　　　　　　　　　　　　　　图4-18 输入的文字

(12) 按 Ctrl+S 组合键，将文件命名为"绘制标志图形.psd"保存。

 知识链接

　　本实例主要介绍了利用路径工具绘制简单标志图形的基本使用方法，读者要注意绘制路径时与 Ctrl 键和 Alt 键的结合使用技巧，并熟练掌握调整路径时的灵活操作方法。下面介绍有关路径属性栏的知识，路径工具的属性栏如图 4-19 所示。

图4-19 路径工具的属性栏

　　路径工具的属性栏主要由绘制类型、路径和矢量形状工具组、【自动添加/删除】、运算方式及【样式】和【颜色】几部分组成。在属性栏中选择不同的绘制类型时，其属性栏也各不相同。

1. 绘制类型

- 【形状图层】按钮 ：激活此按钮，可以创建用前景色填充的图形，同时在【图层】面板中自动生成包括图层缩览图和矢量蒙版缩览图的形状层，并在【路径】面板中生成矢量蒙版，如图 4-20 所示。双击图层缩览图可以修改形状的填充颜色。

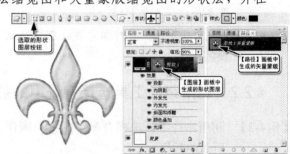

图4-20 激活 按钮时绘制的图形及【图层】和【路径】面板

- 【路径】按钮 ：激活此按钮，可以创建普通的工作路径，此时不在【图层】面板中生成新图层，仅在【路径】面板中生成路径层，如图 4-21 所示。

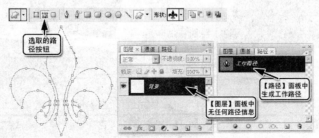

图4-21 激活 按钮时创建的工作路径

- 【填充像素】按钮□：使用【钢笔】工具时此按钮不可用，只有使用【矢量形状】工具时才可用。激活此按钮，可以绘制用前景色填充的图形，但不在【图层】面板中生成新图层，也不在【路径】面板中生成路径，如图 4-22 所示。

图4-22 激活 □ 按钮时绘制的图形

2. 路径和矢量形状工具组

是路径工具和矢量形状工具的集合。在属性栏中分别单击各个按钮即可方便快捷地完成各工具之间的相互转换，不必再到工具箱中去选择。单击右侧的 按钮，会弹出相应工具的选项面板。当在属性栏中激活不同的路径工具按钮时，弹出的面板也各不相同。

3. 【自动添加/删除】

在使用【钢笔】工具绘制图形或路径时，勾选此选项，【钢笔】工具将具有【添加锚点】和【删除锚点】工具的功能。

4. 运算方式

属性栏中的 □、□、□、□ 和 □ 按钮主要用于对同一图形（或路径）中的子图形（或子路径）进行相加、相减、相交或反交运算，其具体操作方法和选区的运算相同。

5. 【样式】和【颜色】

激活属性栏中的 □ 按钮创建形状图层时，属性栏右侧将出现【样式】和【颜色】选项，用于设置创建的形状图层的图层样式和颜色。

- 【样式】：单击右侧的 □ 图标，将会弹出【样式】面板，以便在形状层中快速应用系统中保存的样式。
- 【颜色】：单击右侧的颜色块，在弹出的【拾色器】对话框中可以设置形状层的颜色。

4.2.2 利用路径工具选择背景中的被套

【例4-3】 利用路径工具选择背景中的被套图像，然后将其移动到场景中，合成如图 4-23 所示的效果。

图4-23 原图像与合成后的效果

 操作步骤

(1) 打开素材文件中名为"被套.jpg"和"卧室.jpg"的图片文件。

下面利用路径工具选取被套。为了使操作更加便捷、选取的被套更加精确，在选取过程中可以将图像窗口设置为满画布显示。

(2) 将"被套.jpg"文件设置为工作状态。连续按两次 $\boxed{F}$ 键，将窗口切换成全屏模式显示，如图 4-24 所示。

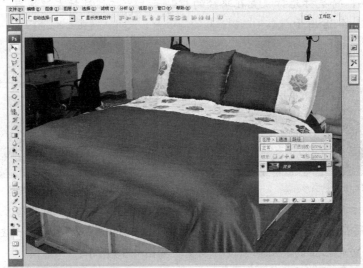

图4-24 全屏幕模式显示

> 要点提示 按 $\boxed{Tab}$ 键，可以将工具箱、控制面板和属性栏显示或隐藏；按 $\boxed{Shift}$+$\boxed{Tab}$ 组合键，可以将控制面板显示或隐藏；连续按 $\boxed{F}$ 键，窗口可以在标准模式、带菜单栏的全屏模式和全屏模式之间切换。

(3) 选择【缩放】工具 ，在画面中按住左键并拖曳鼠标，局部放大显示图像，状态如图 4-25 所示。

(4) 选择【钢笔】工具 ，激活属性栏中的 按钮。将鼠标光标移动到如图 4-26 所示的位置，单击鼠标左键添加第一个锚点。

图4-25 放大显示图像时的状态

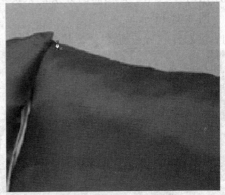

图4-26 添加的第一个锚点

(5) 依次沿着被套的轮廓在结构转折的位置添加控制点。

第 4 章 路径和矢量图形工具的应用

由于画面放大显示，所以只能看到画面中的部分图像，在添加控制点时，当绘制到窗口边缘位置后就无法再继续添加了。此时可以按住空格键，将鼠标切换成【抓手】工具后平移图像，然后再绘制路径。

(6) 当绘制的路径终点与起点重合时，在鼠标光标的右下角会出现一个圆形标志，如图 4-27 所示，此时单击鼠标左键即可创建闭合的路径。

下面利用【转换点】工具对绘制的路径进行调整，使路径紧贴人物图像的轮廓边缘。

(7) 选择 工具，将鼠标光标放置在路径的控制点上，按住鼠标左键拖曳，此时出现两条控制柄，如图 4-28 所示。

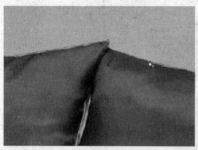
图4-27 出现的圆形标志

图4-28 出现的控制柄

(8) 拖曳鼠标光标调整控制柄，将路径调整平滑后释放鼠标左键。如果路径控制点添加的位置没有紧贴在图像轮廓上，可以按住 Ctrl 键来移动控制点的位置，如图 4-29 所示。

(9) 利用 工具对路径上的其他锚点进行调整，如图 4-30 所示。

图4-29 移动控制点位置

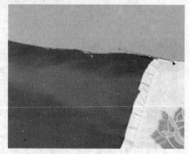
图4-30 调整锚点

(10) 用与步骤 8～9 相同的方法，依次对锚点进行调整，使路径紧贴在被套的轮廓边缘，如图 4-31 所示。

(11) 按 Ctrl + Enter 组合键，将路径转换成选区，如图 4-32 所示。

图4-31 调整后的路径形态

图4-32 转换成的选区形态

(12) 再连续按两次 F 键，将窗口切换到标准屏幕模式显示。

(13) 利用【移动】工具 ⊕ 将选取的被套移动到"卧室.jpg"文件中生成"图层 1"，如图 4-33 所示，然后按 Ctrl+T 组合键，为复制入的被套添加自由变换框。

(14) 在变形框内单击鼠标右键，在弹出的快捷菜单中执行【水平翻转】命令，将被套翻转，然后按住 Ctrl 键，将其调整至如图 4-34 所示的形态。

图4-33 移动复制入的被套

图4-34 调整后的被套形态

(15) 按 Enter 键，确认图像的变换操作，然后利用 ⬚ 工具，绘制出如图 4-35 所示的选区，并按 Delete 键，删除选择的内容，效果如图 4-36 所示。

图4-35 绘制的选区

图4-36 删除后的效果

至此，图像合成已制作完成，其整体效果如图 4-37 所示。

图4-37 合成后的图像效果

(16) 按 Shift+Ctrl+S 组合键，将文件另命名为"图像合成.psd"保存。

知识链接

本实例主要介绍了利用路径工具选取图像的方法，下面介绍有关路径的其他知识。

1. 【自由钢笔】工具

选择【自由钢笔】工具 ，单击属性栏中的 按钮，将弹出【自由钢笔选项】面板，如图 4-38 所示。在该面板中可以定义路径对齐图像边缘的范围和灵敏度以及所绘路径的复杂程度。

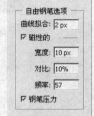

- 【曲线拟合】：控制生成的路径与光标移动轨迹的相似程度。数值越小，路径上产生的锚点越多，路径形状越接近光标移动轨迹，取值范围为 0.5px～10px。

- 【磁性的】：勾选此复选框，【自由钢笔】工具将具有磁性功能，可以像【磁性套索】工具一样自动查找不同颜色的边缘。其下的【宽度】、【对比】和【频率】选项分别用于控制产生磁性的宽度范围、查找颜色边缘的灵敏度和路径上产生锚点的密度。

图4-38 【自由钢笔选项】面板

2. 【添加锚点】工具

选择 工具，然后将鼠标光标放到工作路径中想要添加锚点的位置，当鼠标光标的右下方出现一个"+"号时，单击鼠标左键，即可在工作路径的单击处添加一锚点。

3. 【删除锚点】工具

选择 工具，然后将鼠标光标放到工作路径中想要删除的锚点上，当鼠标光标的右下方出现一个"-"号时，单击鼠标左键，即可将工作路径上的锚点删除。

4. 【转换点】工具

【转换点】工具 可以使锚点在角点和平滑点之间转换，转换情况分别介绍如下。

- 利用 工具将路径选择，在路径的平滑点处单击鼠标可以将其转换为角点。

- 在路径的角点处单击并拖曳可以将其转换为平滑点。

- 将光标移动到路径的锚点上按住鼠标左键并拖曳，释放鼠标左键后将鼠标光标移动到锚点一端的控制点上按住鼠标左键并拖曳，可以调整一端锚点的形态；再次释放鼠标后，将鼠标光标移动到另一控制点上按住鼠标左键拖曳，可以将另一端的锚点调整。

- 按住 Alt 键，将鼠标光标移动到锚点处按住鼠标左键并拖曳，可以将锚点的一端进行调整。

 要点提示　　按住 Ctrl 键将鼠标光标移动到锚点位置按住鼠标并移动，可以将当前选择的锚点移动位置。按住 Shift 键调整节点，可以确保锚点按 45°的倍数进行调整。

5. 【路径选择】工具

【路径选择】工具 的属性栏如图 4-39 所示。

图4-39 【路径选择】工具的属性栏

- 变换路径：勾选【显示定界框】复选框，在选择的路径周围将显示定界框，利用定界框可以对路径进行缩放、旋转、斜切和扭曲等变换操作，它与【移动】工具的定界框工作原理相同。

- 对齐路径：当选择两条或两条以上的工作路径时，利用对齐工具可以设置选择的路径在水平方向上顶对齐、垂直居中对齐、底对齐或在垂直方向上左对齐、水平居中对齐和右对齐。

- 分布路径：当选择 3 条以上的工作路径时，利用分布工具可以将选择的路径在垂直方向上进行按顶分布、居中分布、按底分布或在水平方向上按左分布、居中分布和按右分布。

6.　【直接选择】工具

工具可以用来移动路径中的锚点或线段，也可以改变锚点的形态。此工具没有属性栏，其具体使用方法介绍如下。

- 确认图像文件中已有路径存在后，选择工具，然后单击图像文件中的路径，此时路径上的锚点全部显示为白色，单击白色的锚点可以将其选择。当锚点显示为黑色时，用鼠标拖曳选择的锚点可以修改路径的形态。单击两个锚点之间的线段（曲线除外）并进行拖曳，也可以调整路径的形态。

- 当需要在图像文件中同时选择路径上的多个锚点时，可以按住 Shift 键，然后依次单击要选择的锚点或用框选的形式框选所有需要选择的锚点。

- 按住 Alt 键，在文件中单击路径可以将其选择，即全部锚点都显示为黑色。

- 拖曳平滑点两侧的控制点，可以改变其两侧曲线的形态。按住 Alt 键并拖曳鼠标，可以同时调整平滑点两侧的控制点。按住 Ctrl 键并拖曳鼠标，可以改变平滑点一侧的方向。按住 Shift 键并拖曳鼠标，可以调整平滑点一侧的方向按 45°的倍数跳跃。

- 按住 Ctrl 键，可以将当前工具切换为【路径选择】工具，然后拖曳鼠标，可以移动整个路径的位置。再次按 Ctrl 键，可将【路径选择】工具转换为【直接选择】工具。

4.3　【路径】面板

在图像文件中创建工作路径后，执行【窗口】/【路径】命令可调出【路径】面板。

- 【将路径作为选区载入】按钮：可以将图像文件中的路径转换为选区。

- 【从选区生成工作路径】按钮：可将选区转换为工作路径。

- 【用前景色填充路径】按钮或【用画笔描绘路径】按钮：利用它们可以制作出各种复杂的图形效果。

4.3.1 霓虹灯效果制作

【例4-4】 制作霓虹灯效果。

利用路径、【画笔】工具和【路径】面板制作霓虹灯效果，在描绘路径时，要注意画笔笔尖大小和前景色的灵活设置。制作完成的霓虹灯效果如图 4-40 所示。

图4-40 制作的霓虹灯效果

操作步骤

(1) 新建一个【宽度】为"25 厘米"，【高度】为"10 厘米"，【分辨率】为"120 像素/英寸"，【颜色模式】为"RGB 颜色"，【背景内容】为"黑色"的文件。

(2) 利用 ✎ 和 ▶ 工具，绘制并调整出如图 4-41 所示的路径。

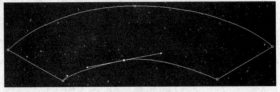

图4-41 绘制的路径

(3) 新建"图层 1"，然后将前景色设置为红色（R:255，B:8）。

(4) 选择 ✎ 工具，单击属性栏中的 按钮，在弹出的【画笔选项】面板中设置【主直径】参数为"45 像素"，【硬度】参数为"0%"。

(5) 打开【路径】面板，单击面板底部的 ○ 按钮，用设置的画笔笔头描绘路径，效果如图 4-42 所示。

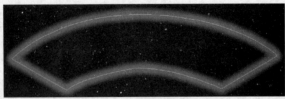

图4-42 描绘路径后的效果

(6) 选择 ▶ 工具，按住 Shift 键，将路径垂直向上移动至如图 4-43 所示的位置。

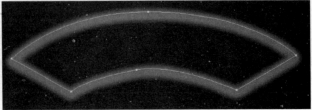

图4-43 移动后的路径位置

(7) 新建"图层 2",然后将前景色设置为黄色（R:252, G:220,B:38）。

(8) 选择 ✐工具，单击属性栏中的 ⊞·按钮，在弹出的【画笔选项】面板中设置【主直径】参数为"3 像素"，【硬度】参数为"0%"。

(9) 打开【路径】面板，单击面板底部的 ◯按钮，用设置的画笔笔头描绘路径，然后在【路径】面板的灰色区域单击，将路径隐藏，描绘路径效果如图 4-44 所示。

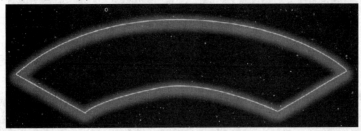

图4-44　描绘路径后的效果

(10) 将"图层 2"复制生成为"图层 2 副本"，然后将复制出的图形垂直向下移动至如图 4-45 所示的位置。

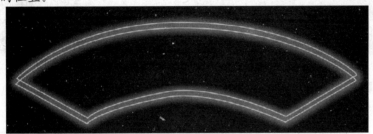

图4-45　图形放置的位置

(11) 利用 ◯工具，绘制出如图 4-46 所示的椭圆形选区。

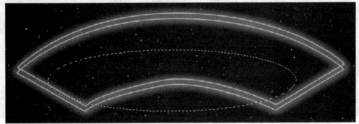

图4-46　绘制的选区

(12) 按 Alt+Ctrl+D 组合键，在弹出的【羽化选区】对话框中将【羽化半径】选项的参数设置为"50 像素"，然后单击 确定 按钮，羽化后的选区形态如图 4-47 所示。

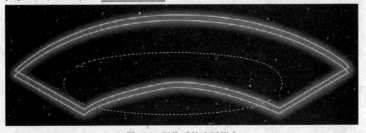

图4-47　羽化后的选区形态

(13) 新建"图层 3"，为选区填充上黄色（R:255,G:255,B:95），效果如图 4-48 所示，然后按 Ctrl+D 组合键去除选区。

图4-48 填充颜色后的效果

(14) 将"图层 1"设置为当前层,然后选择 ✎ 工具,将鼠标光标移动至红色图形的内部单击添加选区,添加的选区形态如图 4-49 所示。

图4-49 添加的选区形态

(15) 执行【选择】/【修改】/【扩展】命令,在弹出的【扩展选区】对话框中将【扩展量】选项的参数设置为"20 像素",然后单击 确定 按钮,扩展后的选区形态如图 4-50 所示。

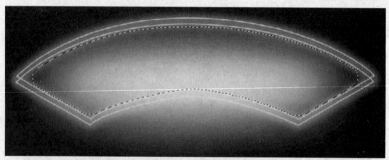

图4-50 扩展后的选区形态

(16) 按 Alt+Ctrl+D 组合键,在弹出的【羽化选区】对话框中将【羽化半径】的参数设置为"20 像素",然后单击 确定 按钮,羽化后的选区形态如图 4-51 所示。

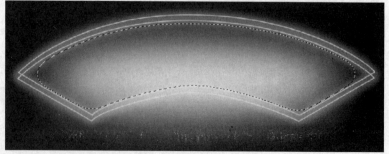

图4-51 羽化后的选区形态

(17) 按 Shift+Ctrl+I 组合键,将选区反选,反选后的选区形态如图 4-52 所示。

图4-52 反选后的选区形态

(18) 按 Delete 键，删除选区中的内容，效果如图 4-53 所示，然后按 Ctrl + D 组合键去除选区。

图4-53 删除后的效果

(19) 执行【视图】/【新建参考线】命令，在弹出的【新建参考线】对话框中选择【垂直】选项，并将【位置】选项的参数设置为 "12.5 厘米"，然后单击 确定 按钮，在画面中添加一条垂直参考线。

(20) 选择 ✒️ 工具，按住 Shift 键，在画面中沿参考线绘制出如图 4-54 所示的直线路径。

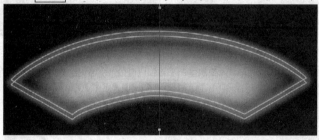

图4-54 绘制的路径

(21) 新建 "图层 4"，然后将前景色设置为黄色（R:2552, G:253,B:48）。

(22) 选择 ✒️ 工具，单击属性栏中的 按钮，在弹出的【画笔选项】面板中设置【主直径】参数为 "15 像素"，【硬度】参数为 "0%"。

(23) 打开【路径】面板，单击面板底部的 ○ 按钮，用设置的画笔笔头描绘路径，描绘路径效果如图 4-55 所示。

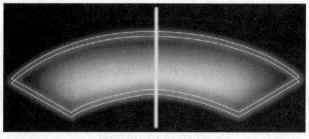

图4-55 描绘路径后的效果

(24) 将笔尖的大小设置为 "8 像素", 设置前景色为浅黄色 (R:255,G:255,B:190), 再次描绘路径, 然后将路径隐藏, 描绘路径后的效果如图 4-56 所示。

图4-56 描绘路径后的效果

(25) 按 Ctrl+T 组合键, 为描绘后的直线添加自由变换框, 然后将旋转中心垂直向下移动至如图 4-57 所示的位置。

(26) 在属性栏中设置 ⌐3 度 选项的参数为 "3 度", 旋转后的图形形态如图 4-58 所示, 然后按 Enter 键, 确认图形的变换操作。

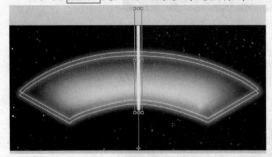

图4-57 旋转中心放置的位置

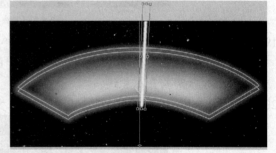

图4-58 旋转后的图形形态

(27) 按住 Shift+Ctrl+Alt 组合键, 并依次按 T 键, 重复复制出如图 4-59 所示的直线。

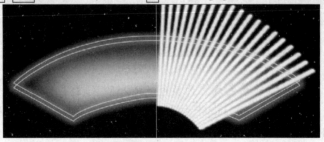

图4-59 重复复制出的图形

(28) 将复制直线图形所生成的图层同时选择, 然后按 Ctrl+E 组合键, 将选择的图层合并为 "图层 4"。

(29) 将 "图层 4" 复制生成为 "图层 4 副本", 然后按 Ctrl+T 组合键, 为复制出的图形添加自由变形框。

(30) 在变形框内单击鼠标右键, 在弹出的快捷菜单中执行【水平翻转】命令, 将复制出的图形翻转, 再将其水平向左移动至如图 4-60 所示的位置, 然后按 Enter 键, 确认图形的变换操作。

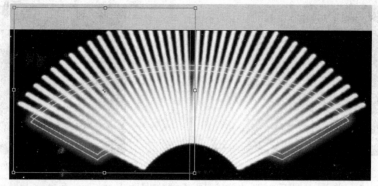

图4-60 图形放置的位置

(31) 按 Ctrl + E 组合键，将"图层 4 副本"向下合并为"图层 4"，然后用与步骤 14～15 相同的方法，添加选区，如图 4-61 所示。

图4-61 添加的选区

(32) 按 Alt + Ctrl + D 组合键，在弹出的【羽化选区】对话框中将【羽化半径】的参数设置为 "20 像素"，然后单击 确定 按钮。

(33) 按 Shift + Ctrl + I 组合键，将选区反选，再按 Delete 键，删除选区中的内容，然后按 Ctrl + D 组合键去除选区，删除后的效果如图 4-62 所示。

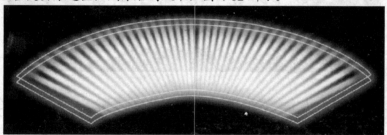

图4-62 删除后的效果

(34) 新建"图层 5"，然后选择 ◯ 工具，按住 Shift 键，绘制出如图 4-63 所示的圆形选区。

(35) 按 Alt + Ctrl + D 组合键，在弹出的【羽化选区】对话框中将【羽化半径】选项的参数设置为 "2 像素"，然后单击 确定 按钮。

(36) 将前景色设置为浅黄色（R:255,G:253,B:200），然后按 Alt + Dletet 组合键，为羽化后的选区填充前景色。

(37) 执行【选择】/【修改】/【收缩】命令，在弹出的【收缩选区】对话框中设置【收缩量】参数为"5 像素"，然后单击 确定 按钮。

(38) 为收缩后的选区填充上黄色（R:255,G:245），效果如图 4-64 所示，然后按 Ctrl + D 组合键去除选区。

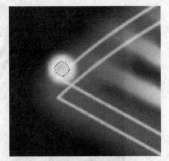

图4-63 绘制的选区　　　　　　　　　　　　　图4-64 填充颜色后的效果

(39) 按住 Ctrl 键，单击"图层 5"左侧的图层缩略图添加选区。再选择 工具，按住 Alt 键，在选区内按住鼠标左键拖曳，在霓虹灯的周围移动复制出一圈小的圆形，然后去除选区，复制的图形如图 4-65 所示。

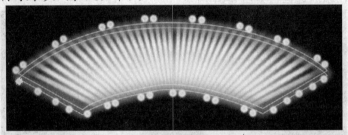

图4-65 复制出的图形

(40) 将工具箱中的前景色设置为深红色（R:178），然后选择 T 工具，在画面中输入如图 4-66 所示的文字。

图4-66 输入的文字

(41) 单击属性栏中的的 按钮，弹出【变形文字】对话框，设置各项参数如图 4-67 所示，然后单击　确定　按钮，变形后的文字效果如图 4-68 所示。

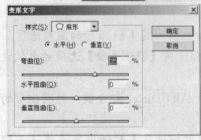

图4-67 【变形文字】对话框　　　　　　　　　图4-68 变形后的文字效果

(42) 执行【图层】/【栅格化】/【文字】命令，将文本层转换为普通层，然后按住 Ctrl 键单击文字所在图层左侧的图层缩略图，为其添加选区，添加的选区形态如图 4-69 所示。

图4-69 添加的选区

(43) 单击【路径】面板右上角的 ·≡ 按钮，在弹出的下拉列表中选择【建立工作路径】选项，弹出【建立工作路径】对话框，如图 4-70 所示。

(44) 单击 确定 按钮，载入的选区将转换成路径，同时在【路径】面板中自动生成"工作路径"，在生成的"工作路径"上双击，弹出【存储路径】对话框，如图 4-71 所示。

图4-70 【建立工作路径】对话框

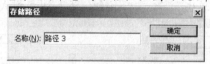

图4-71 【存储路径】对话框

(45) 单击 确定 按钮，将工作路径存储。在【路径】面板的灰色区域单击隐藏路径。

(46) 回到【图层】面板，执行【滤镜】/【模糊】/【高斯模糊】命令，在弹出的【高斯模糊】对话框中设置参数如图 4-72 所示。

(47) 单击 确定 按钮，执行【高斯模糊】命令后的文字效果如图 4-73 所示。

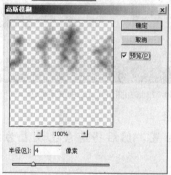

图4-72 【高斯模糊】对话框

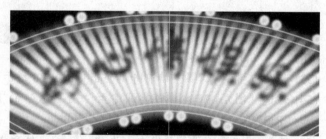

图4-73 执行【高斯模糊】命令后的文字效果

(48) 新建"图层 6"，设置前景色为红色（R:255），然后在【路径】面板中单击"路径 3"，将文字路径显示。

(49) 选择 工具，设置笔尖大小为"5 像素"，然后描绘路径，效果如图 4-74 所示。

图4-74 描绘路径后的效果

(50) 设置前景色为白色,笔尖大小为 "2 像素",再次描绘路径,效果如图 4-75 所示。

图4-75 描绘路径后的效果

(51) 执行【图层】/【图层样式】/【渐变叠加】命令,弹出【图层样式】对话框,设置各项参数如图 4-76 所示。

(52) 单击 确定 按钮,添加图层样式后的文字效果如图 4-77 所示。

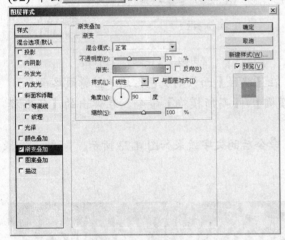

图4-76 【图层样式】对话框　　　　　　　　　　图4-77 添加图层样式后的文字效果

(53) 利用 ✍ 和 ▶ 工具,绘制并调整出如图 4-78 所示的路径。

(54) 新建 "图层 7",并将其调整至 "图层 1" 的下方位置,然后将前景色设置为红色（R:255）。

(55) 选择 ✍ 工具,设置笔尖大小为 "7 像素",然后描绘路径,效果如图 4-79 所示。

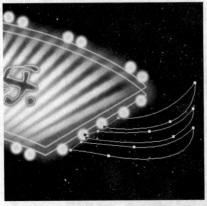

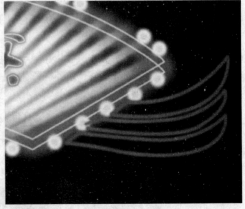

图4-78 绘制的路径　　　　　　　　　　　　图4-79 描绘路径后的效果

(56) 执行【滤镜】/【模糊】/【高斯模糊】命令，在弹出的【高斯模糊】对话框中将【半径】选项的参数设置为"4 像素"。

(57) 单击 ▢ 确定 ▢ 按钮，执行【高斯模糊】命令后的图形效果如图 4-80 所示。

(58) 设置前景色为深黄色（R:180,G:100），笔尖大小为"3 像素"，再次描绘路径，效果如图 4-81 所示。

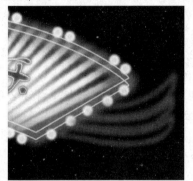

图4-80 执行【高斯模糊】命令后的图形效果

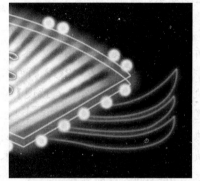

图4-81 描绘路径后的效果

(59) 将"图层 7"复制生成为"图层 7 副本"，再执行【编辑】/【变换】/【水平翻转】命令，将复制出的图形翻转，然后将其移动至如图 4-82 所示的位置，完成霓虹灯的绘制。

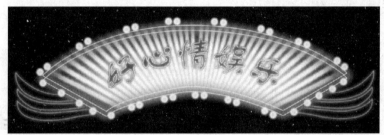

图4-82 图形放置的位置

(60) 按 Ctrl + S 组合键，将文件命名为"霓虹灯效果.psd"保存。

 知识链接

通过霓虹灯效果的制作，本节主要介绍了【路径】面板中描绘路径功能的使用，下面介绍【路径】面板中其他按钮的功能。

- 【填充】按钮 ⬤：单击此按钮，将以前景色填充创建的路径。
- 【描边】按钮 ◯：单击此按钮，将以前景色为创建的路径进行描边，其描边宽度为一个像素。
- 【转换为选区】按钮 ⬭：单击此按钮，可以将创建的路径转换为选区。
- 【转换为路径】按钮 ◹：确认图形文件中有选区，单击此按钮，可以将选区转换为路径。
- 【新建】按钮 ▯：单击此按钮，可在【路径】面板中新建一个路径。若【路径】面板中已经有路径存在，将鼠标光标放置到创建的路径名称处，按住鼠标左键向下拖曳至此按钮处释放鼠标，可以完成路径的复制。
- 【删除】按钮 🗑：单击此按钮，可以删除当前选择的路径。

4.3.2　缝线效果的制作

【例4-5】　制作缝线效果。

　　通过设置【画笔】面板中的选项及参数，并结合路径的描绘功能，制作出如图 4-83 所示的缝线效果。

操作步骤

(1)　新建一个【宽度】为"10 厘米"，【高度】为"2.5 厘米"，【分辨率】为"72 像素/英寸"，【颜色模式】为"RGB 颜色"，【背景内容】为"黑色"的文件。

(2)　执行【编辑】/【定义画笔预设】命令，在弹出的【画笔名称】对话框中将【名称】设置为"线段"，单击 确定 按钮，将黑色背景文件定义为画笔。

(3)　执行【文件】/【关闭】命令，将创建的文件关闭。

(4)　执行【文件】/【打开】命令，将本书素材文件中"图库\第 04 章"目录下名为"卡通路径.jpg"的文件打开。

(5)　打开【路径】面板，单击"路径 1"，将保存的路径显示，如图 4-84 所示。

(6)　新建"图层1"，设置前景色为黑色。

图4-83　制作的缝线效果

图4-84　显示的路径

(7)　选择 ✐ 工具，按 F5 键，弹出【画笔】面板，设置选项及参数如图 4-85 所示。

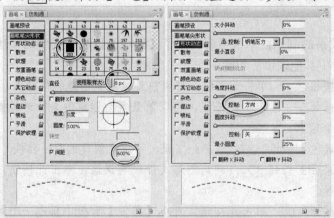
图4-85　【画笔】面板

(8)　单击【路径】面板底部的 ○ 按钮，利用设置的笔尖描绘路径，将路径隐藏后即可完成缝线效果的制作。

(9)　按 Ctrl + S 组合键，将此文件命名为"缝线效果.psd"保存。

缝线效果的制作非常简单，其重点是如何定义画笔以及【画笔】面板中选项及参数的设置，希望读者能够将其熟练掌握。

4.4　矢量图形工具

矢量图形工具主要包括【矩形】工具、【圆角矩形】工具、【椭圆】工具、【多边形】工具、【直线】工具和【自定形状】工具。它们的使用方法非常简单，选择相应的工具后，在图像文件中拖曳鼠标光标，即可绘制出需要的矢量图形。

命令简介

- 【矩形】工具 □：使用此工具，可以在图像文件中绘制矩形图形。按住 Shift 键可以绘制正方形。
- 【圆角矩形】工具 □：使用此工具，可以在图像文件中绘制具有圆角的矩形。当属性栏中的【半径】值为"0"时，绘制出的图形为矩形。
- 【椭圆】工具 ○：使用此工具，可以在图像文件中绘制椭圆图形。按住 Shift 键，可以绘制圆形。
- 【多边形】工具 ○：使用此工具，可以在图像文件中绘制正多边形或星形。在其属性栏中可以设置多边形或星形的边数。
- 【直线】工具 ＼：使用此工具，可以绘制直线或带有箭头的线段。在属性栏中可以设置直线或箭头的粗细及样式。按住 Shift 键，可以绘制方向为 45° 倍数的直线或箭头。
- 【自定形状】工具 ：使用此工具，可以在图像文件中绘制出各类不规则的图形和自定义图案。

【例4-6】　利用矢量图形工具绘制如图 4-86 所示的标志图形。

图4-86　绘制出的标志图形

操作步骤

(1)　新建一个【宽度】为"25 厘米"，【高度】为"11 厘米"，【分辨率】为"120 像素/英寸"，【颜色模式】为"RGB 颜色"，【背景内容】为"白色"的文件。

(2) 将前景色设置为浅蓝色（R:62,G:75,B:155）。

(3) 选择 ◯ 工具，激活属性栏中的 □ 按钮，然后按住 Shift 键，将鼠标光标移动到画面中按住鼠标左键并拖曳，绘制图 4-87 所示的圆形路径图形。

(4) 按 Ctrl + Alt + T 组合键，将图形复制后添加自由变形框，然后按住 Shift + Alt 组合键，将鼠标光标移动到变形框右上角的控制点上按住鼠标左键并向左下角拖曳，将图形等比缩小，缩小后的图形形态如图 4-88 所示。

图4-87 绘制的图形

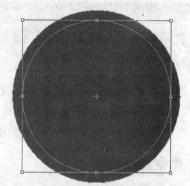

图4-88 缩小后的图形形态

(5) 按 Enter 键确认图形的等比缩小操作，在属性栏中激活 ▢ 按钮修剪圆形，相减后的形态如图 4-89 所示。

(6) 选择 ▶ 工具，将鼠标光标移动到缩小后的圆形路径上单击将其选择，然后按住 Shift 键，将其水平向左移动至如图 4-90 所示的位置。

图4-89 相减后的图形形态

图4-90 移动后的路径位置

(7) 将前景色设置为橘红色（R:255,G:95,B:45）。

(8) 选择 ⬿ 工具，激活属性栏中的 □ 按钮，然后在属性栏中的 →: 按钮处单击，在弹出的【形状】面板中单击右上角的 ⓞ 按钮。

(9) 在弹出的下拉菜单中选择【全部】选项，然后在弹出的图 4-91 所示【Adobe Photoshop】提示对话框中单击 追加(A) 按钮。

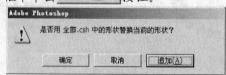

图4-91 【Adobe Photoshop】提示对话框

(10) 在【形状】面板中选择如图 4-92 所示的"鸟 2"形状，然后将鼠标光标移动到画面中，按住鼠标左键并拖曳，绘制图 4-93 所示的"鸟"形状。

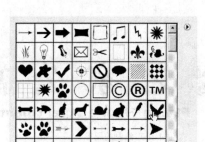

图4-92　【形状】面板

图4-93　绘制的鸟图形

(11) 选择 工具，依次激活属性栏中的 □ 和 ┌ 按钮，然后按住 Shift 键，在"鸟"图形的头部位置绘制圆形，修剪出鸟的眼睛图形，效果如图 4-94 所示。

(12) 按 Ctrl+T 组合键，为"鸟"图形添加自由变换框，并将其调整至如图 4-95 所示的形态，然后按 Enter 键，确认图形的变换操作。

图4-94　修剪出的眼睛

图4-95　调整后的图形形态

(13) 将前景色设置为黑色，然后利用 T 工具，输入如图 4-96 所示的文字。

(14) 将鼠标光标放置在"飞"字后面，单击鼠标左键插入文本输入光标，如图 4-97 所示。然后按空格键，将文字向后移动一个字节。

飞翔之家公寓
Flying House Apartments

图4-96　输入的文字

飞翔之家公寓
Flying House Apartments

图4-97　插入的文本输入光标

(15) 使用相同的方法，将每一个文字之间都调整成相同的间距，如图 4-98 所示。

飞 翔 之 家 公 寓
Flying House Apartments

图4-98　修改间距后的文字效果

(16) 新建"图层 1"，然后将前景色设置为橘红色（R:255,G:95,B:45）。

(17) 选择 工具，激活属性栏中的 □ 按钮，然后在属性栏中的 →| 按钮处单击，在弹出的【形状】面板中选择如图 4-99 所示的"心形"形状。

(18) 将鼠标光标移动到画面中，按住鼠标左键并拖曳，绘制图 4-100 所示的"心形"形状。

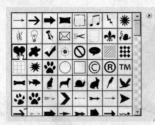

图4-99 【形状】面板

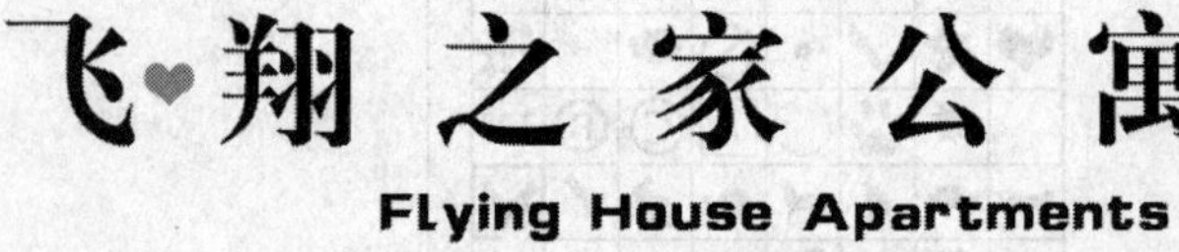

飞 翔 之 家 公 寓

Flying House Apartments

图4-100 绘制的图形

(19) 按住 Ctrl 键，单击"图层 1"左侧的图层缩略图添加选区，添加的选区形态如图 4-101 所示。

(20) 按住 Ctrl+Shift+Alt 组合键，将鼠标光标移动到选区内，按住鼠标左键并向右水平拖曳鼠标，依次复制出如图 4-102 所示的心形图形，然后按 Ctrl+D 组合键去除选区。

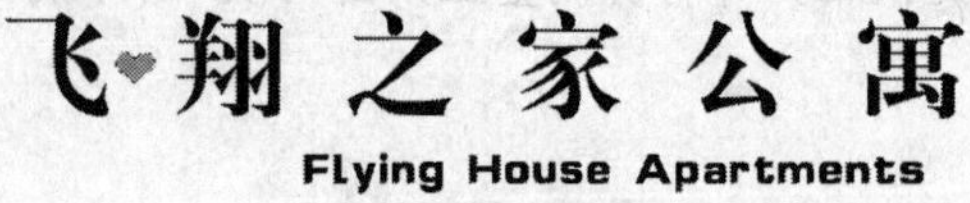

飞 翔 之 家 公 寓

Flying House Apartments

图4-101 添加的选区形态

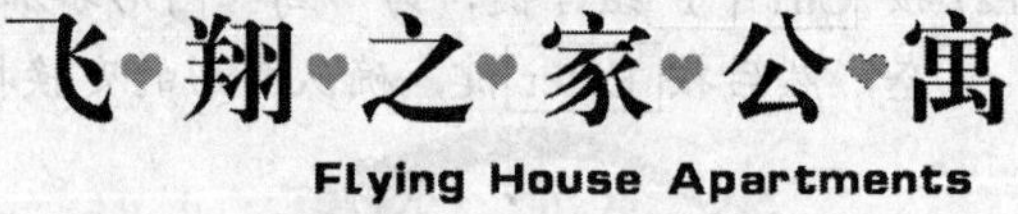

飞 翔 之 家 公 寓

Flying House Apartments

图4-102 复制出的图形

至此，标志已绘制完成，整体效果如图 4-103 所示。

图4-103 绘制完成的标志图形

(21) 按 Ctrl+S 组合键，将文件命名为"绘制标志.psd"保存。

 知识链接

本节利用矢量图形工具绘制了一个标志图形。矢量图形工具在类似于标志、卡通等图形绘制中的作用非常重要，希望读者能够将其熟练掌握。

1. 【矩形】工具

当 ▢ 工具处于激活状态时，单击属性栏中的 ▾ 按钮，系统弹出图 4-104 所示的【矩形选项】面板。

- 【不受约束】：点选此单选按钮后，在图像文件中拖曳鼠标光标绘制任意大小和任意长宽比例的矩形。

- 【方形】：点选此单选按钮后，在图像文件中拖曳鼠标可以绘制正方形。

- 【固定大小】：点选此单选按钮后，在后面的窗口中设置固定的长宽值，再在图像文件中拖曳鼠标，只能绘制固定大小的矩形。

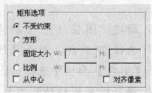

图4-104 【矩形选项】面板

- 【比例】：点选此单选按钮后，在后面的窗口中设置矩形的长宽比例，再在图像文件中拖曳鼠标，只能绘制设置的长宽比例的矩形。

- 【从中心】：点选此单选按钮后，在图像文件中以任何方式创建矩形时，鼠标光标的起点都为矩形的中心。

- 【对齐像素】：勾选此复选框后，矩形的边缘同像素的边缘对齐，使图形边缘不会出现锯齿效果。

2. 【圆角矩形】工具

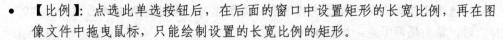工具的用法和属性栏都同【矩形】工具相似，只是属性栏中多了一个【半径】选项，此选项主要用于设置圆角矩形的平滑度，数值越大，边角越平滑。

3. 【椭圆】工具

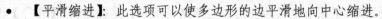工具的用法及属性栏与【矩形】工具的相同，此处不再赘述。

4. 【多边形】工具

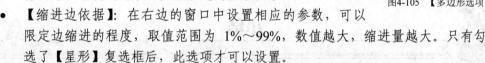工具是绘制正多边形或星形的工具。在默认情况下，激活此按钮后，在图像文件中拖曳鼠标可绘制正多边形。当在属性栏的【多边形选项】面板中勾选【星形】复选框后，再在图像文件中拖曳鼠标光标可绘制星形。

【多边形】工具的属性栏也与【矩形】工具的相似，只是多了一个设置多边形或星形边数的【边】选项。单击属性栏中的▾按钮，系统将弹出图 4-105 所示的【多边形选项】面板。

- 【半径】：用于设置多边形或星形的半径长度。设置相应的参数后，只能绘制固定大小的正多边形或星形。

- 【平滑拐角】：勾选此复选框后，在图像文件中拖曳鼠标光标，可以绘制圆角效果的正多边形或星形。

- 【星形】：勾选此复选框后，在图像文件中拖曳鼠标光标，可以绘制边向中心位置缩进的星形图形。

图4-105 【多边形选项】面板

- 【缩进边依据】：在右边的窗口中设置相应的参数，可以限定边缩进的程度，取值范围为 1%～99%，数值越大，缩进量越大。只有勾选了【星形】复选框后，此选项才可以设置。

- 【平滑缩进】：此选项可以使多边形的边平滑地向中心缩进。

5. 【直线】工具

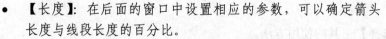工具的属性栏也与【矩形】工具的相似，只是多了一个设置线段或箭头粗细的【粗细】选项。单击属性栏中的▾按钮，系统将弹出图 4-106 所示的【箭头】面板。

- 【起点】：勾选此复选框后，在绘制线段时起点处带有箭头。

- 【终点】：勾选此复选框后，在绘制线段时终点处带有箭头。

- 【宽度】：在后面的窗口中设置相应的参数，可以确定箭头宽度与线段宽度的百分比。

- 【长度】：在后面的窗口中设置相应的参数，可以确定箭头长度与线段长度的百分比。

图4-106 【箭头】面板

- 【凹度】：在后面的窗口中设置相应的参数，可以确定箭头中央凹陷的程度。

其值为正值时，箭头尾部向内凹陷；为负值时，箭头尾部向外凸出；为"0"时，箭头尾部平齐，如图 4-107 所示。

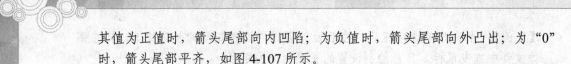

图4-107 当数值设置为"50"、"–50"和"0"时绘制的箭头图形

6. 【自定形状】工具

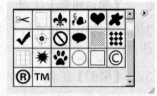

图4-108 【自定形状选项】面板

工具的属性栏也与【矩形】工具的相似，只是多了一个【形状】选项，单击此选项后面的窗口，系统会弹出图 4-108 所示的【自定形状选项】面板。

在面板中选择所需要的图形，然后在图像文件中拖曳鼠标，即可绘制相应的图形。

单击其右上角的  按钮，在弹出的下拉菜单中选择【全部】命令，即可将全部的图形显示，如图 4-109 所示。

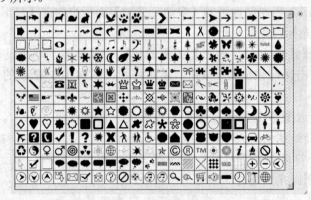

图4-109 全部显示的图形

小结

本章主要介绍了路径和矢量图形工具的应用，包括路径工具、路径编辑、【路径】面板和形状工具。另外，本章还综合各工具的使用方法，制作了 5 幅具有代表性的作品。希望读者通过本章的学习，能掌握路径工具和形状工具在实际工作中的使用技巧，以便在以后的绘图过程中灵活运用，制作出更加精美的作品。

习题

一、简答题

1. 简述【路径选择】工具的使用方法。
2. 简述【直接选择】工具的使用方法。

二、操作题

1. 参考本章 4.2.1 节的学习内容，利用路径工具及文字工具绘制图 4-110 所示的标志图形。

图4-110　绘制完成的标志

2. 打开本书素材文件中"图库\第 04 章"目录下名为"T4-01.jpg"和"T4-02.psd"的图片文件，如图 4-111 所示。用本章介绍的路径工具的使用方法，将人物选取后合成到"T4-02.psd"文件中，合成后的效果如图 4-112 所示。

图4-111　打开的图片素材

图4-112　合成的效果

3. 利用路径工具和【路径】面板绘制完成如图 4-113 所示的霓虹灯效果。

图4-113　制作的霓虹灯效果

第5章 文字和其他工具的应用

文字是平面设计中非常重要的一部分，一件完整的作品都需要有文字内容来说明主题或通过特殊编排的文字来衬托整个画面。另外，除了前面几章介绍的分类工具和本章要介绍的文字工具以外，Photoshop CS3 工具箱中还有许多其他工具，如【裁剪】、【切片】、【注释】和【吸管】工具等。虽然这些工具的运用不是很频繁，但它们在图像处理过程中也是必不可少的，熟练掌握这些工具的使用，有助于读者对 Photoshop 的整体认识和在图像处理过程中操作的灵活性。

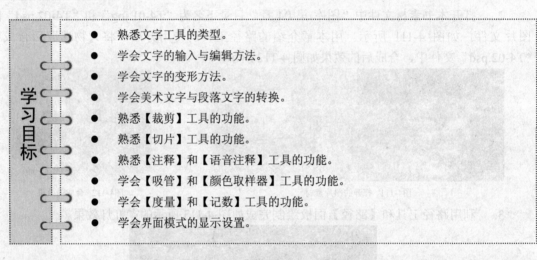

学习目标

- 熟悉文字工具的类型。
- 学会文字的输入与编辑方法。
- 学会文字的变形方法。
- 学会美术文字与段落文字的转换。
- 熟悉【裁剪】工具的功能。
- 熟悉【切片】工具的功能。
- 熟悉【注释】和【语音注释】工具的功能。
- 学会【吸管】和【颜色取样器】工具的功能。
- 学会【度量】和【记数】工具的功能。
- 学会界面模式的显示设置。

5.1 文字工具

文字工具主要包括【横排文字】、【直排文字】、【横排文字蒙版】和【直排文字蒙版】4个工具，按 Shift+T 组合键，可以在这 4 个工具之间进行切换。

命令简介

- 【横排文字】工具 T：利用此工具可以输入水平排列的文字。
- 【直排文字】工具 T：利用此工具可以输入垂直排列的文字。
- 【横排文字蒙版】工具 T：利用此工具可以创建水平排列的文字形状选区。
- 【直排文字蒙版】工具 T：利用此工具可以创建垂直排列的文字形状选区。

5.1.1 文字工具的基本应用练习

【例5-1】 设计一个"文艺部纳新"海报。

在设计过程中，主要介绍文字工具的基本使用方法，设计完成的海报如图 5-1 所示。

 操作步骤

(1) 打开素材文件中名为"底图.jpg"的图片文件，如图 5-2 所示。

(2) 打开素材文件中名为"云彩.psd"的图片文件，并将其移动复制到"底图"文件中生成"图层 1"，然后将其调整大小后放置到如图 5-3 所示的位置。

图5-1 设计的海报

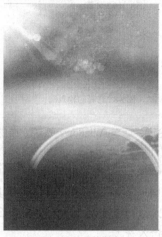
图5-2 打开的图片

图5-3 图片放置的位置

(3) 打开素材文件中名为"小提琴.psd"的图片文件，并将其移动复制到"底图"文件中生成"图层 2"，然后将其调整大小后放置到如图 5-4 所示的位置。

(4) 单击【图层】面板底部的 按钮，为"图层 2"添加图层蒙版，然后选择 工具，在画面中喷绘黑色编辑蒙版，效果如图 5-5 所示。

(5) 打开素材文件中名为"人物.psd"的图片文件，并将其移动复制到"底图"文件中生成"图层 3"，然后将其调整大小后放置到如图 5-6 所示的位置。

图5-4 图像放置的位置

图5-5 编辑蒙版后的效果

图5-6 图像放置的位置

(6) 打开素材文件中名为"气泡.psd"的图片文件，并将其移动复制到"底图"文件中生成"图层 4"，然后将其调整大小后放置到如图 5-7 所示的位置。

(7) 选择 T 工具，然后单击 Windows 界面右下角的 按钮，在弹出的输入法菜单中选择如图 5-8 所示的输入法，其输入法图标如图 5-9 所示。

图5-7　图片放置的位置

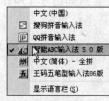

图5-8　选择的输入法

图5-9　输入法图标

要点提示　　按 Ctrl + Shift 组合键，可在 Windows 系统安装的输入法之间进行切换；按键盘中的 Ctrl +空格组合键，可以在当前使用的输入法与英文输入法之间进行切换；当选择英文输入法时，反复按键盘中的 Caps Lock 键，可以在输入英文字母的大小写之间进行时切换。

如果读者的计算机中安装有其他的输入法，可自行选择其他的输入法输入文字。

(8)　将前景色设置为橘红色（R:255,G:93,B:45），然后在画面中单击鼠标左键，单击的位置将出现如图 5-10 所示的文本输入光标。

(9)　此时可以开始输入文字，如要输入"文艺部"3 个字，在键盘中依次输入拼音字母即可，其文字输入框如图 5-11 所示。

图5-10　出现的文本输入光标

wenyibu

图5-11　文字输入框

(10)　输入完文字的拼音字母后，按键盘中的空格键或 Enter 键来确认，此时将弹出文字选择菜单，在菜单中的"文艺"字位置单击，即可将该字选择，状态如图 5-12 所示。

要点提示　　在文字选择菜单中选择输入的文字时，按键盘中的 PageDown 键可以向下翻页，按 PageUp 键可以向上翻页，用鼠标单击文字可以将其选择，也可按键盘中此文字前面的数字将其选择。

(11)　用与步骤 10 相同的方法，将文字选择，然后按键盘中的空格键或 Enter 键，将文字输入到画面中，如图 5-13 所示。

图5-12　选择的文字

图5-13　输入到画面中的文字

(12) 执行【图层】/【图层样式】/【混合选项】命令，弹出【图层样式】对话框，设置各项参数如图 5-14 所示。

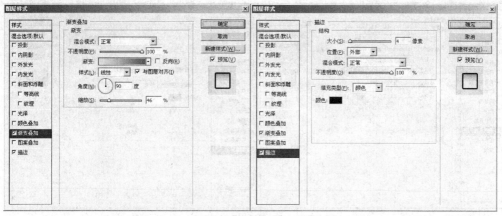

图5-14 【图层样式】对话框

(13) 单击 [确定] 按钮，添加图层样式后的文字效果如图 5-15 所示。

(14) 利用 [T] 工具，输入如图 5-16 所示的橘红色（R:255,G:93,B:45）文字。

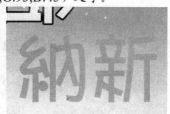

图5-15 添加图层样式后的文字效果   图5-16 输入的文字

(15) 执行【图层】/【栅格化】/【文字】命令，将文本层转换为普通层，然后利用 [ ] 工具，绘制出如图 5-17 所示的矩形选区，将"纳"字选择。

(16) 选择 [十]工具，在选区内按住鼠标左键并向上拖曳，将"纳"字移动至如图 5-18 所示的位置，然后按键盘中的 [Ctrl]+[D] 组合键去除选区。

图5-17 绘制的选区   图5-18 移动后的文字位置

(17) 用与步骤 15～16 相同的方法，将"新"字移动至如图 5-19 所示的位置，然后按键盘中的 [Ctrl]+[D] 组合键去除选区。

图5-19 移动后的文字位置

(18) 执行【图层】/【图层样式】/【混合选项】命令，弹出【图层样式】对话框，设置各项
参数如图 5-20 所示。

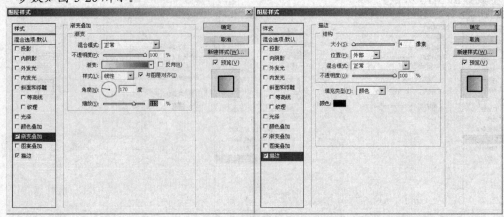

图5-20 【图层样式】对话框

(19) 单击 确定 按钮，添加图层样式后的文字效果如图 5-21 所示。

图5-21 添加图层样式后的文字效果

(20) 选择 ⬭ 工具，按住 Shift 键，绘制出如图 5-22 所示的圆形选区。

图5-22 绘制的圆形选区

(21) 新建"图层 5"，并将其调整至"纳新"层的下方，然后为选区填充上深黄色
（R:245,G:152），效果如图 5-23 所示。

图5-23 填充颜色后的效果

(22) 执行【图层】/【图层样式】/【描边】命令，弹出【图层样式】对话框，设置各项参数
如图 5-24 所示。

(23) 单击 确定 按钮，添加图层样式后的文字效果如图 5-25 所示。

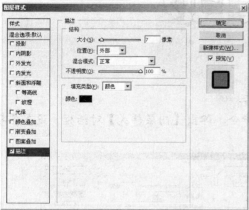

图5-24 【图层样式】对话框

图5-25 添加图层样式后的效果

(24) 按住 Ctrl + Alt 组合键，将鼠标光标移动到选区内按住鼠标左键并拖曳移动复制图形，复制出的图形如图 5-26 所示，然后按 Ctrl + D 组合键去除选区。

图5-26 复制出的图形

(25) 利用 T 工具，输入如图 5-27 所示的橘红色（R:255）文字。

(26) 将"欢迎新同学加入文艺部"文字层复制生成为"欢迎新同学加入文艺部 副本"层，然后将"欢迎新同学加入文艺部 副本"层隐藏，再将"欢迎新同学加入文艺部"层设置为当前层。

(27) 执行【图层】/【栅格化】/【文字】命令，将文字层转换为普通层。

(28) 确认前景色为白色，然后执行菜单栏中的【编辑】/【描边】命令，在弹出的【描边】对话框中设置参数如图 5-28 所示。

图5-27 输入的文字

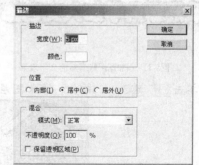

图5-28 【描边】对话框

(29) 单击 确定 按钮，描边后的效果如图 5-29 所示。

图5-29 描边后的文字效果

(30) 执行【图层】/【图层样式】/【混合选项】命令，弹出【图层样式】对话框，设置各项参数如图 5-30 所示。

图5-30 【图层样式】对话框

(31) 单击 确定 按钮，添加图层样式后的文字效果如图 5-31 所示。

(32) 将 "欢迎新同学加入文艺部 副本" 层显示，并将其设置为当前层，然后执行【图层】/【图层样式】/【描边】命令，弹出【图层样式】对话框，设置各项参数如图 5-32 所示。

图5-31 添加图层样式后的文字效果

图5-32 【图层样式】对话框

(33) 单击 确定 按钮，添加图层样式后的文字效果如图 5-33 所示。

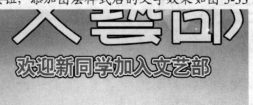

图5-33 添加图层样式后的文字效果

(34) 将鼠标光标移动到画面中，按住鼠标左键并拖曳，可在画面中拖曳出一个文字定界框，如图 5-34 所示，然后在文本框内输入如图 5-35 所示的洋红色（R:228,B:127）文字。

图5-34 绘制的文本框

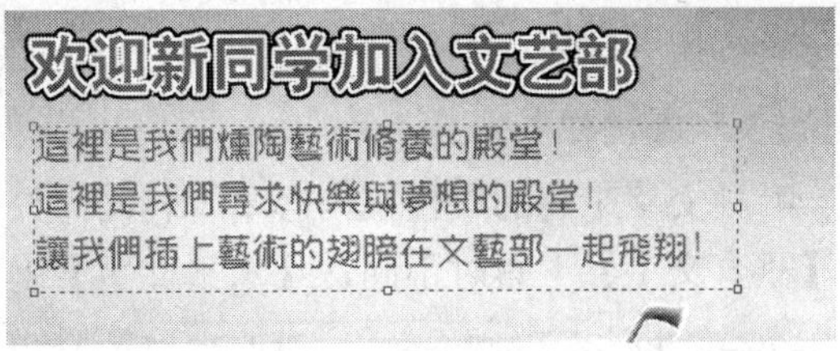

图5-35 输入的文字

(35) 打开素材文件中名为"五线谱.psd"的图片文件，再将其移动复制到"底图"文件中生成"图层 6"，并将其调整至"文艺部"文字层的下方位置，然后将其调整大小后放置到如图 5-36 所示的位置。

(36) 将"图层 6"复制生成为"图层 6"副本，并将复制出的图形放置到如图 5-37 所示的位置。

图5-36 图形放置的位置

图5-37 图形放置的位置

至此，海报已设计完成，整体效果如图 5-38 所示。

图5-38 设计完成的海报

(37) 按 Shift + Ctrl + S 组合键，将其另命名为"海报设计.psd"保存。

知识链接

本节通过报纸稿的设计，主要介绍了文字的基本输入方法，在文字工具的属性栏中还有很多选项和按钮，下面详细介绍。

1. 属性栏

4 种文字工具的属性栏内容基本相同，只有【对齐方式】按钮在选择【水平文字】工具或【垂直文字】工具时不同，【水平文字】工具的属性栏如图 5-39 所示。

图5-39 【水平文字】工具的属性栏

(1) 【更改文本方向】按钮：单击此按钮，可以将选择的水平方向的文字转换为垂直方向，或将选择的垂直方向的文字转换为水平方向。

(2) 【字体】：设置输入文字使用的字体。可以先将输入的文字选择后，再在此选项窗口中重新设置字体类型。

(3) 【字型】：设置输入文字使用的字体形态，当在 Arial 中选择不同的字体时，其下拉列表中的选项也会不同。例如，当选择【Arial】字体时，其下拉列表中则为【Regular】（规则的）、【Italic】（斜体）、【Bold】（粗体）和【Bold Italic】（粗斜体）4 个选项。

(4) 【字体大小】：设置输入文字的字体大小。

(5) 【消除锯齿】：设置文字边缘的平滑程度，包括【无】、【锐利】、【犀利】、【浑厚】和【平滑】5 种方式。

(6) 在选择不同的工具时，对齐方式按钮有如下形式。

- 当在工具箱中选择 T 和 T 工具时，对齐方式按钮显示为，分别为【左对齐文本】、【居中文本】和【右对齐文本】。
- 当在工具箱中选择 T 和 T 工具时，对齐方式按钮显示为，分别为【顶对齐文本】、【居中文本】和【底对齐文本】。

(7) 【设置文本颜色】：设置输入文字的颜色。单击此色块，在弹出的【拾色器】对话框中修改选择文字的颜色。

(8) 【创建变形文本】：设置输入文字的变形效果。只有选择输入的文本后此按钮才可使用。

(9) 【切换字符和段落调板】：单击此按钮，可显示或隐藏【字符】和【段落】面板。

2. 【字符】面板

【字符】面板的主要功能是设置文字的字体、字号、字型以及字间距或行间距等，其面板形态如图 5-40 所示。

【字符】面板中的【设置字体】、【设置字型】、【设置字体大小】、【设置文字颜色】和【消除锯齿】选项与属性栏中的选项功能相同，在此不再介绍。

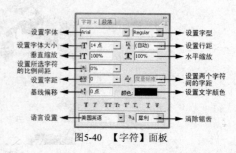

图5-40 【字符】面板

- 【设置行距】：设置输入文本行与行之间的距离。

- 【垂直缩放】：设置文字的高度。
- 【水平缩放】：设置文字的宽度。
- 【设置所选字符的比例间距】：设置所选字符的间距缩放比例，可以在其右侧的下拉列表框中选择0%～100%的缩放数值。
- 【设置字距】：设置输入文本字与字之间的距离。
- 【设置两个字符间的字距】：设置相邻两个字符间的距离，在设置此选项时不需要选择字符，只需在要调整字距的字符间单击以指定插入点，然后再设置相应的参数即可。
- 【基线偏移】：设置文字在默认高度基础上向上或向下偏移的高度。
- 【语言设置】：在其右侧的下拉列表中可选择不同国家的语言方式，主要包括美国、英国、法国及德国等。

【字符】面板中各按钮的含义分述如下。

- 【仿粗体】按钮 **T**：可以将当前选择的文字加粗显示。
- 【仿斜体】按钮 *T*：可以将当前选择的文字倾斜显示。
- 【全部大写字母】按钮 TT：可以将当前选择的小写字母变为大写字母显示。
- 【小型大写字母】按钮 Tr：可以将当前选择的字母变为小型大写字母显示。
- 【上标】按钮 T¹：可以将当前选择的文字变为上标显示。
- 【下标】按钮 T₁：可以将当前选择的文字变为下标显示。
- 【下画线】按钮 T：可以在当前选择的文字下方添加下画线。
- 【删除线】按钮 T：可以在当前选择的文字中间添加删除线。

3. 【段落】面板

【段落】面板的主要功能是设置文字的对齐方式及缩进量，其面板形态如图 5-41 所示。

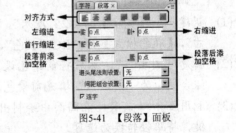

图5-41 【段落】面板

- 按钮：这 3 个按钮的功能是设置横向文本的对齐方式，分别为左对齐、居中对齐和右对齐。
- 按钮：只有在图像文件中选择段落文本时这 4 个按钮才可用。它们的功能是调整段落中最后一行的对齐方式，分别为左对齐、居中对齐、右对齐和两端对齐。

当选择竖向的文本时，【段落】面板最上一行各按钮的功能分别介绍如下。

- 按钮：这 3 个按钮的功能是设置竖向文本的对齐方式，分别为顶对齐、居中对齐和底对齐。
- 按钮：只有在图像文件中选择段落文本时，这 4 个按钮才可用。它们的功能是调整段落中最后一列的对齐方式，分别为顶对齐、居中对齐、底对齐和两端对齐。
- 【左缩进】：用于设置段落左侧的缩进量。
- 【右缩进】：用于设置段落右侧的缩进量。
- 【首行缩进】：用于设置段落第一行的缩进量。

- 【段落前添加空格】: 用于设置每段文本与前一段的距离。
- 【段落后添加空格】: 用于设置每段文本与后一段的距离。
- 【避头尾法则设置】和【间距组合设置】: 用于编排日语字符。
- 【连字】: 勾选此复选框, 允许使用连字符连接单词。

5.1.2 文字工具变形的应用

【例5-2】 设计房地产广告, 练习文字变形操作。

本节通过一幅房地产的广告设计, 来介绍文字工具变形的应用, 设计完成的房地产广告如图 5-42 所示。

图5-42 设计完成的房地产广告

 操作步骤

(1) 新建一个【宽度】为 "25 厘米",【高度】为 "16 厘米",【分辨率】为 "150 像素/英寸",【颜色模式】为 "RGB 颜色",【背景内容】为 "白色" 的文件。

(2) 新建 "图层 1", 然后将前景色设置为淡黄色 (R:243,G:245,B:213), 并按 Alt+Delete 组合键, 为 "图层 1" 填充前景色。

(3) 利用 和 工具, 在画面中绘制出如图 5-43 所示的钢笔路径, 然后按 Ctrl+Enter 组合键, 将路径转换为选区。

(4) 新建 "图层 2", 为选区填充上黑色, 效果如图 5-44 所示, 按 Ctrl+D 组合键去除选区。

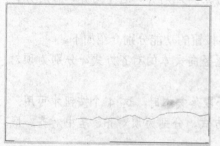

图5-43 绘制的路径

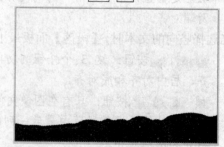

图5-44 填充颜色后的效果

(5) 新建 "图层 3", 然后将前景色设置为蓝灰色 (R:10,G:55,B:110)。

(6) 选择 工具, 在属性栏中设置一个合适的笔头, 然后在画面中按住鼠标左键并拖曳, 依次绘制出如图 5-45 所示的图形。

(7) 将"图层 3"调整到"图层 2"的下方位置，调整图层顺序后的效果如图 5-46 所示。

图5-45　绘制的图形

图5-46　调整图层顺序后的效果

(8) 利用 工具，绘制出如图 5-47 所示的选区。

(9) 按 $\boxed{Alt}+\boxed{Ctrl}+\boxed{D}$ 组合键，在弹出的【羽化选区】对话框中将【羽化半径】的参数设置为 "50 像素"，然后单击 确定 按钮。

(10) 新建"图层 4"，为选区填充上海绿色（R:70,G:165,B:190），效果如图 5-48 所示，然后按 $\boxed{Ctrl}+\boxed{D}$ 组合键去除选区。

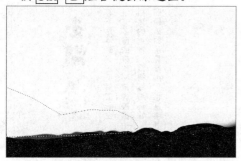

图5-47　绘制的选区

图5-48　填充颜色后的效果

(11) 新建"图层 5"，利用 工具，通过设置不同的前景色及笔头大小，在画面中绘制出如图 5-49 所示的图形。

(12) 打开素材文件中名为"素材.psd"的图片文件，然后选择 工具，将打开的图片移动复制到新建文件中生成"图层 6"和"图层 7"，并将其调整大小后放置到如图 5-50 所示的位置。

图5-49　绘制的图形

图5-50　图像放置的位置

(13) 利用 $\boxed{T}$ 工具，依次输入如图 5-51 所示的文字。

(14) 将鼠标光标放置到"天"字的上方位置，按住鼠标左键向下方拖曳，将"天都"两字选择，状态如图 5-52 所示。

(15) 单击文字工具属性栏中的 ▦ 按钮，弹出【字符】面板，设置各项参数如图 5-53 所示。

图5-51 输入的文字　　　　　　　　　图5-52 选取后的文字状态　　　　　　　图5-53 【字符】面板

(16) 单击属性栏中的 ✓ 按钮确认文字的输入。

(17) 执行【图层】/【图层样式】/【投影】命令，弹出【图层样式】对话框，设置各项参数如图 5-54 所示。

(18) 单击 ████确定████ 按钮，添加图层样式后的文字效果如图 5-55 所示。

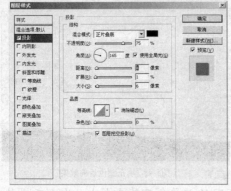

图5-54 【图层样式】对话框　　　　　　　　　　图5-55 添加投影样式后的文字效果

(19) 新建"图层 8"，然后利用 ✍ 工具，绘制出如图 5-56 所示的选区，并为选区填充上绿色（R:0,G:70,B:10），效果如图 5-57 所示。

(20) 按 Alt + Ctrl + T 组合键，将选区内的图形复制后添加自由变形框，然后在变形框内单击鼠标右键，在弹出的快捷菜单中执行【旋转180度】命令，将复制出的图形旋转。

(21) 将旋转后的图形移动至如图 5-58 所示的位置，然后按 Enter 键确认图形的变换操作。

图5-56 绘制的选区　　　　　　　　　图5-57 填充颜色后的效果　　　　　　　图5-58 图形放置的位置

(22) 为选区内的图形填充上深黄色（R:255,G:150,B:0），然后按 $\boxed{Ctrl}$+$\boxed{D}$ 组合键去除选区，填充颜色后的效果如图 5-59 所示。

(23) 利用 $\boxed{T}$ 工具，输入如图 5-60 所示的黑色文字。

图5-59 填充颜色后的效果　　　　　　　　　　　　　　图5-60 输入的文字

(24) 将鼠标光标放置到"港"字的左侧位置，按住鼠标左键向右拖曳，将"港湾"两字选择，如图 5-61 所示。

(25) 单击文字工具属性栏中的 ■ 色块，在弹出的【选择文本颜色】对话框中设置颜色为红色（R:255,G:40,B:0），然后单击 确定 按钮。

(26) 用与步骤 24～25 相同的方法，将"纯水岸"3 字的颜色设置为红色，然后单击属性栏中的 ☑ 按钮确认文字的输入，修改颜色后的文字效果如图 5-62 所示。

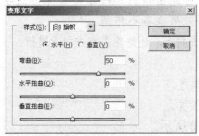

图5-61 选取后的文字形态　　　　　　　　　　　　　图5-62 修改颜色后的文字效果

(27) 单击属性栏中的 按钮，弹出【变形文字】对话框，设置各项参数如图 5-63 所示，然后单击 确定 按钮，变形后的文字效果如图 5-64 所示。

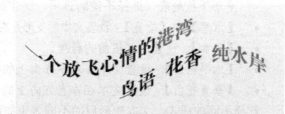

图5-63 【变形文字】对话框　　　　　　　　　　　　图5-64 变形后的文字效果

(28) 按 $\boxed{Ctrl}$+$\boxed{T}$ 组合键，为文字添加自由变换框，再将其旋转至如图 5-65 所示的形态，然后按 $\boxed{Enter}$ 键，确认文字的变换操作。

(29) 利用 $\boxed{T}$ 工具，依次输入黑色的"山水情。"文字，然后用前面介绍的方法将"。"符号选择。

(30) 单击文字工具属性栏中的 按钮，弹出【字符】面板，设置各项参数如图 5-66 所示，选择的字符基线偏移后的效果如图 5-67 所示，然后单击属性栏中的 ☑ 按钮确认文字的输入。

图5-65 旋转后的文字形态　　　　　图5-66 【字符】面板　　　　　图5-67 字符基线偏移后的效果

至此，房地产广告设计完成，整体效果如图 5-68 所示。

图5-68 设计完成的房地产广告

(31) 按 Ctrl+S 组合键，将其命名为"房地产广告.psd"保存。

 知识链接

单击属性栏中的 ⊥ 按钮，弹出【变形文字】对话框，在此对话框中可以设置输入文字的变形效果。注意，此对话框中的选项默认状态都显示为灰色，只有在【样式】下拉列表中选择除【无】以外的其他选项后才可调整，如图 5-69 所示。

- 【样式】：设置文本最终的变形效果，单击其右侧窗口的 ▼ 按钮，可弹出文字变形下拉列表，选择不同的选项，文字的变形效果也各不相同。
- 【水平】和【垂直】：设置文本的变形是在水平方向上，还是在垂直方向上进行。
- 【弯曲】：设置文本扭曲的程度。
- 【水平扭曲】：设置文本在水平方向上的扭曲程度。
- 【垂直扭曲】：设置文本在垂直方向上的扭曲程度。

选择不同的样式，文本变形后的不同效果如图 5-70 所示。

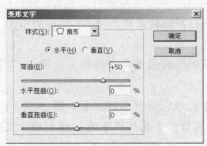

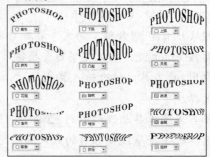

图5-69 【变形文字】对话框　　　　　　　　图5-70 文本变形效果

5.1.3 文字转换练习

下面通过几个案例操作，利用文字工具的转换命令，制作图 5-71、图 5-72 和图 5-73 所示的文字效果。

图5-71 文字转换为路径练习

图5-72 文字转换为形状练习

图5-73 文字描边与阴影制作

【例5-3】 文字转换为路径练习。

 操作步骤

(1) 打开素材文件中名为"草地.jpg"的图片文件，然后将前景色设置为白色。

(2) 选择 T 工具，在画面中输入如图 5-74 所示的英文字母，然后执行【图层】/【文字】/【创建工作路径】命令，将文字转换为路径，如图 5-75 所示。

图5-74 输入的文字

图5-75 文字转换为路径后的形态

(3) 单击【图层】面板底部的 按钮，然后在弹出的如图 5-76 所示的【Adobe Photoshop CS3 Extended】询问面板中，单击 是(Y) 按钮，将文字图层删除。

(4) 选择 工具，在画面中将文字路径选择，选择路径后的形态如图 5-77 所示。

图5-77 选择的路径

图5-76 【Adobe Photoshop CS3 Extended】询问面板

(5) 执行【编辑】/【变换路径】/【扭曲】命令，为路径添加自由变形框，并将其调整至如图 5-78 所示的形态，然后按 Enter 键，确认路径的变换操作。

131

(6) 新建 "图层 1"，然后将前景色设置为白色。

(7) 选择  工具，单击属性栏中的 按钮，在弹出的【画笔】面板中设置参数如图 5-79 所示。

图5-78 调整后的路径形态

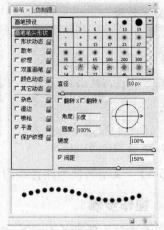

图5-79 【画笔】面板

(8) 单击【路径】面板底部的 按钮，用前景色为路径描边，然后在【路径】面板中的灰色区域处单击隐藏路径，描绘路径后的效果如图 5-80 所示。

(9) 按 Shift+Ctrl+S 组合键，将其另命名为 "描绘路径文字.psd" 保存。

【例5-4】 文字转换为形状练习。

 操作步骤

(1) 打开素材文件中名为 "草地.jpg" 的图片文件，将前景色设置为淡绿色（R:227,G:253,B:183），并在画面中输入如图 5-81 所示的英文字母。

图5-80 描绘路径后的效果

图5-81 输入的文字

(2) 执行【图层】/【文字】/【转换为形状】命令，将输入的文字转换为形状，如图 5-82 所示。

(3) 执行【编辑】/【定义自定形状】命令，在弹出的【形状名称】对话框中单击 确定 按钮，将文字定义为形状。

(4) 在【图层】面板中将文字层删除，并新建一个 "图层 1"。

(5) 选择 工具，单击属性栏中【形状】选项后的 按钮，在弹出的【形状选项】面板中，选择刚才自定义的 "形状 1"，如图 5-83 所示。

图5-82 文字转换为形状后的形态

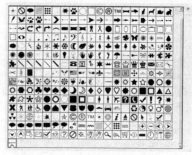

图5-83 【形状选项】面板

(6) 激活属性栏中的 □ 按钮，并设置属性栏如图 5-84 所示。

(7) 按住 Shift 键在画面中拖曳，即可绘制出如图 5-85 所示的自定义形状文字。

图5-84 【自定形状】工具的属性栏

图5-85 绘制出的文字形状

(8) 按 Shift + Ctrl + S 组合键，将其另命名为"形状文字练习.psd"保存。

【例5-5】 文字描边与阴影制作练习。

![操作步骤]

(1) 打开素材文件中名为"草地.jpg"的图片文件，然后将前景色设置为淡绿色（R:227,G:253,B:183），并在画面中输入如图 5-86 所示的文字。

(2) 执行【图层】/【栅格化】/【文字】命令，将文字图层转换为普通图层，其【图层】面板的形态如图 5-87 所示。

图5-86 输入的文字

图5-87 文字层与转换为普通层后的前后对比

(3) 将前景色设置为酒绿色（R:190,G:253,B:38），然后按住 Ctrl 键，单击文字所在图层左侧的图层缩略图，为文字添加选区。

(4) 执行【编辑】/【描边】命令，在弹出的【描边】对话框中设置参数如图 5-88 所示，然后单击 确定 按钮，描边后的文字效果如图 5-89 所示。

第 5 章 文字和其他工具的应用

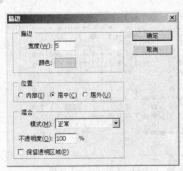

图5-88 【描边】对话框 　　　　　　　　　图5-89 描边后的文字效果

接下来为描边后的文字制作阴影效果。

(5) 执行【图层】/【复制图层】命令，在弹出如图 5-90 所示的【复制图层】对话框中单击 确定 按钮，复制一个文字副本图层。

(6) 确认文字图层为当前工作图层，激活【图层】面板中的 ▣ 按钮，锁定该图层的透明像素，此时的【图层】面板状态如图 5-91 所示。

图5-90 【复制图层】对话框 　　　　　　　图5-91 【图层】面板

(7) 将前景色设置为黑色，按 Alt + Delete 组合键，为当前文字图层填充黑色，然后单击【图层】面板中已激活的 ▣ 按钮，将其锁定透明关闭。

(8) 执行【滤镜】/【模糊】/【高斯模糊】命令，在弹出的【高斯模糊】对话框中设置参数如图 5-92 所示。

(9) 单击 确定 按钮，执行【高斯模糊】命令后的文字效果如图 5-93 所示。

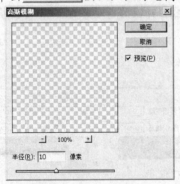

图5-92 【高斯模糊】对话框 　　　　　　图5-93 执行【高斯模糊】命令后的效果

(10) 按 Shift + Ctrl + S 组合键，将其另命名为 "文字描边与阴影.psd" 保存。

 知识链接

　　在 Photoshop CS3 中，可以将输入的文字转换成工作路径和形状进行编辑，也可以将它进行栅格化处理。另外，还可以将输入的美术文字与段落文字进行互换，具体方法介绍如下。

1. 将文字转换为工作路径

在图像文件中输入文字后，按住 Ctrl 键，单击【图层】面板中的文字图层，为输入的文字添加选区。打开【路径】面板，单击面板右上角的 ≡ 按钮，在弹出的下拉菜单中选择【建立工作路径】命令，在弹出的【建立工作路径】对话框中，设置适当的【容差】值参数，然后单击 确定 按钮，即可将文字转换为工作路径。

2. 将文字层转换为普通图层

在【图层】面板中的文字图层上单击鼠标右键，在弹出的快捷菜单中执行【栅格化图层】命令，或执行【图层】/【栅格化】/【文字】命令，即可将文字层转换为普通图层。

3. 创建段落文字

选择 T 工具，在图像文件中拖曳，生成一个文字定界框，在定界框内输入文字，即创建段落文字。当在文字定界框中输入的文字到了定界框的右边缘位置处，文字会自动换行。如果在定界框中输入了过多的文字，超出了定界框范围的大小，超出定界框的文字将被隐藏，此时在定界框右下角位置将会出现一个小的"田"字符号。

4. 美术文字与段落文字相互转换

- 执行【图层】/【文字】/【转换为点文本】命令，可以将段落文字转换为美术文字。
- 执行【图层】/【文字】/【转换为段落文本】命令，可以将美术文字转换为段落文字。

当段落文字定界框之外还有文字时，将段落文字转换为美术文字之后，定界框之外的文字将被删除。

5.1.4 文字跟随路径练习

利用"文字跟随路径"功能可以将文字沿着指定的路径放置。路径可以是由【钢笔】工具或形状工具绘制的任意工作路径，输入的文字可以沿着路径边缘排列，也可以在路径内部排列，并且可以通过移动路径或编辑路径形状来改变路径文字的位置和形状。

利用文字沿路径排列功能制作如图 5-94 和图 5-95 所示的文字效果。

图5-94 拱形字效果

图5-95 在闭合路径内输入文字

【例5-6】 沿路径边缘输入文字。

沿路径边缘输入的文字为点文字，文字是沿路径方向排列的，文字输入后还可以沿着路径方向调整文字的位置和显示区域。

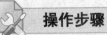
操作步骤

(1) 打开素材文件中名为"T5-01.jpg"的图片文件。利用 ◊ 和 ↖ 工具在拱形气模中绘制出如图 5-96 所示的路径。

(2) 选择 T 工具，将鼠标光标放置到路径左端的起始点上，光标显示为 ✦ 时，单击鼠标左键，在单击鼠标处会出现一个插入点"×"和输入光标，此处为文字的起点；路径的终点将显示为一个小圆圈"○"，从起点到终点就是路径文字的显示范围，此时沿路径输入需要的文字，如图 5-97 所示。

图5-96 绘制的路径

图5-97 沿路径输入的文字

(3) 按住鼠标左键向左拖曳将输入的文字选取，如图 5-98 所示。

(4) 此时就可以在属性栏中修改文字的大小、字体、颜色等属性了，修改后的效果如图 5-99 所示。

图5-98 选取文字

图5-99 修改后的文字效果

(5) 利用 ↖ 工具在路径上文字的起点或终点位置按住鼠标左键拖曳，可以调整文字在路径上的位置，如图 5-100 所示。

(6) 利用 ↖ 工具还可以继续调整路径的形状以便修改文字的位置，如图 5-101 所示。

图5-100 调整位置在路径上的位置

图5-101 调整路径

(7) 按 Shifr+Ctrl+S 组合键，将其另命名为"沿路径输入文字.psd"保存。

【例5-7】 在闭合路径内输入文字。

在闭合路径内输入文字相当于创建段落文本，当文字输入至路径边界时，系统将自动换行。如果输入的文字超出了路径所能容纳的范围，路径及定界框的右下角将出现溢出图标。

 操作步骤

(1) 打开素材文件中名为 "T5-02.jpg" 的图片文件。

(2) 利用 ✎ 工具在图像文件中绘制出如图 5-102 所示的路径。

(3) 选择 T 工具，将鼠标光标移动到路径内部，当光标显示为 ⬧ 形态时单击鼠标左键，指定插入点，此时将在路径内显示闪烁的输入光标，并在路径外出现定界框，如图 5-103 所示。

图5-102 绘制的路径

图5-103 显示的段落文本定界框

(4) 在文本框中输入相应的段落文字，如图 5-104 所示。单击属性栏中的 ✓ 按钮，确认文字输入完成。

(5) 打开【段落】面板，在【段落】面板中设置【首行缩进】选项 ⬚16点 为 "16 点"，如图 5-105 所示。

图5-104 文字的属性设置及输入的文字

图5-105 设置【首行缩进】选项参数

(6) 按 Enter 键，设置缩进后的文字如图 5-106 所示。

图5-106 设置【首行缩进】后的文字

(7) 此时利用工具箱中的 ⊾ 工具或 ⊾ 工具可以任意地调整路径的形状，路径中的文字将自动更新以适应新路径的形状或位置，如图 5-107 所示。

图5-107 路径文字跟随路径的改变而变化

(8) 按 Ctrl+Shift+S 组合键，将当前文件另命名为"路径文字.psd"保存。

案例小结

在 Photoshop CS3 中，可以将输入的文字转换成工作路径和形状进行编辑，也可以将它进行栅格化处理。另外，在实际操作中，经常需要将美术文字与段落文字进行互换，以便在定界框中重新排列字符或者将段落文字转换为点文字，使各行文字独立地排列。其转换方法非常简单，在【图层】面板中选择要转换的文字层，并确保文字没有处于编辑状态，然后执行【图层】/【文字】/【转换为点文本】或【转换为段落文本】命令，即可完成美术文字与段落文字之间的相互转换。将段落文字转换为点文字时，所有溢出定界框之外的文字将被全部删除。如果不想将其删除，应该先调整定界框的大小，使文字全部显示在定界框之内。

5.2 其他工具

除了前面介绍的工具以外，工具箱中还包括【裁剪】工具 ⊿、【切片】工具 ⊘、【切片选择】工具 ⊘、【附注】工具 ⊟、【语音批注】工具 ⊲、【吸管】工具 ∥、【快速蒙版】按钮 ◎ 和【更改屏幕模式】按钮 ⊡ 等，下面分别进行介绍。

 命令简介

- 【裁剪】工具 ⊿：使用此工具，可以将图像文件中的多余部分剪切掉。
- 【切片】工具 ⊘：使用此工具，可以将一个完整的图像切割成几部分，以便进行 Web 格式文件的存储。
- 【切片选择】工具 ⊘：使用此工具，可选择图像中的切片或调整切片的大小。
- 【附注】工具 ⊟ 和【语音批注】工具 ⊲：使用此工具，可以在图像上增加注释或语音注释，作为图像文件的说明，从而起到提示作用。
- 【吸管】工具 ∥：使用此工具，可以从图像中吸取颜色作为前景色或背景色。
- 【颜色取样器】工具 ∥：使用此工具，可以检测图像中像素的色彩构成。
- 【度量】工具 ∥：使用此工具，可以对图像的某部分长度或角度进行测量。
- 【记数】工具 ₁₂³：使用此工具，可以在图像文件中添加数字标记。
- 【快速蒙版】按钮 ◎：单击此按钮，可以切换到快速蒙版编辑模式。
- 【更改屏幕模式】按钮 ⊡：单击此处按钮，可以将绘图窗口切换为不同的屏幕模式。

5.2.1 【裁剪】工具的应用

在作品绘制及照片处理中，【裁剪】工具 ⊞ 是调整图像大小必不可少的工具。使用此工具可以对图像进行重新构图裁剪，按照固定的大小比例裁剪，旋转裁剪及透视裁剪等操作。本节针对这几种裁剪形式进行实例操作应用。

【例5-8】 重新构图裁剪照片。

在照片处理过程中，当遇到主要景物太小，而周围的多余空间较大的照片时，就可以利用【裁剪】工具对其进行裁剪处理，使照片的主题更为突出。

操作步骤

(1) 打开素材文件中"图库\第 05 章"目录下名为"T5-03.jpg"的照片文件，如图 5-108 所示。

(2) 选择 ⊞ 工具，将鼠标光标移动到画面中，按住鼠标左键并拖曳，绘制出图 5-109 所示的裁剪框。

裁剪区域的大小和位置如果不适合裁剪的需要，还可以对其进行位置及大小的调整。

(3) 和调整变形框一样，在裁剪框的控制点上按住鼠标左键拖曳，可以调整裁剪框的大小，如图 5-110 所示。

图5-108 打开的照片　　　　图5-109 拖曳鼠标绘制裁剪区域　　　　图5-110 调整裁剪框大小

(4) 将鼠标光标放置在裁剪框内，按住鼠标左键拖曳，还可以调整裁剪框的位置，如图 5-111 所示。

(5) 裁剪区域的大小和位置调整合适后，单击属性栏中的 ✓ 按钮，确认图片的裁剪，裁剪后的效果如图 5-112 所示。

图5-111 调整裁剪框位置　　　　　　　图5-112 裁剪后的图片

除单击属性栏中的 ✓ 按钮确认对图像的裁剪外，还可以将鼠标光标移动到裁剪框内双击鼠标或按 Enter 键完成裁剪操作。

【例5-9】 固定比例裁剪照片。

照相机及照片冲印机都是按照固定的尺寸来拍摄和冲印的，所以当对照片进行后期处理时其照片的尺寸也要符合冲印机的尺寸要求，而在【裁剪】工具 🔲 的属性栏中可以按照固定的比例对照片进行裁剪，下面介绍其设置方法。

操作步骤

(1) 打开素材文件中"图库\第05章"目录下名为"T5-04.jpg"的照片文件。

(2) 选择 🔲 工具，再单击属性栏中的 前面的图像 按钮，属性栏中将显示当前图像的【宽度】、【高度】、【分辨率】等参数，如图 5-113 所示。

图5-113 【裁剪】工具的属性栏

(3) 将属性栏中的 分辨率: 250 参数设置为"250 像素/英寸"，然后单击属性栏中的【高度和宽度互换】按钮 🔁，将【宽度】和【高度】参数相互交换，设置参数后的属性栏如图 5-114 所示。

图5-114 【裁剪】工具的属性栏

> **要点提示**
> 属性栏中的【宽度】、【高度】和【分辨率】3 个选项可以全部设置，也可以全不设置或者只设置其中的一个或两个。如果【宽度】和【高度】选项没有设置，系统会按裁剪框与原图的比例自动设置其像素数；如果【分辨率】选项没有设置，裁剪后的图像会使用默认的分辨率。

(4) 将鼠标光标移动到画面中，按住鼠标左键并拖曳，则按照设置的比例大小绘制裁剪框，如图 5-115 所示。

(5) 单击属性栏中的 ✓ 按钮，确认图片裁剪操作，裁剪后的画面如图 5-116 所示。

图5-115 绘制出的裁剪框

图5-116 裁剪后的画面

在拍摄或扫描照片时，可能会由于某种失误而导致画面中的主体物出现倾斜的现象，此时可以利用【裁剪】工具 🔲 来进行旋转裁剪修整。

【例5-10】 旋转裁剪倾斜的图像。

操作步骤

(1) 打开素材文件中"图库\第05章"目录下名为"T5-05.jpg"的照片文件。

(2) 选择 🔲 工具，在画面中绘制一个裁剪框，先指定裁剪的大体位置，然后将鼠标光标移动到裁剪框外，当鼠标光标显示为旋转符号时按住左键并拖曳鼠标，将裁剪框旋转到与画面中的地平线位置平行状态，如图 5-117 所示。

(3) 单击属性栏中的 ✓ 按钮，确认图片的裁剪操作，矫正倾斜后的画面效果如图 5-118 所示。

图5-117 旋转后的裁剪框形态　　　　　　　　　图5-118 矫正倾斜后的画面效果

【例5-11】 透视裁剪倾斜的照片。

在拍摄照片时，由于拍摄者所站的位置或角度不合适而经常会拍摄出具有严重透视的照片，对于此类照片也可以通过【裁剪】工具进行透视矫正。

 操作步骤

(1) 打开素材文件中"图库\第 05 章"目录下名为"T5-06.jpg"的图片文件，如图 5-119 所示。

(2) 选择 ┗┛ 工具，在画面中绘制一个裁剪框，如图 5-120 所示。

图5-119 绘制的裁剪框　　　　　　　　　图5-120 调整透视裁剪框

(3) 将属性栏中的 ☑透视 选项勾选，然后依次调整裁剪框的控制点，使裁剪框与建筑物楼体垂直方向的边缘线平行，如图 5-121 所示。

(4) 按 Enter 键，确认图片的裁剪操作，裁剪后的画面效果如图 5-122 所示。

图5-121 透视调整后的裁剪框　　　　　　　　　图5-122 裁剪后的图片

 案例小结　本节介绍了利用【裁剪】工具裁剪图像的 4 种基本操作方法，希望读者能够将其熟练掌握，以便在实际工作中灵活运用。

5.2.2　切片工具的应用

切片工具包括【切片】工具 ✂ 和【切片选择】工具 ✎ ，【切片】工具主要用于分割图像，【切片选择】工具主要用于编辑切片。

选择 ✂ 工具，将鼠标光标移动到图像文件中拖曳，释放鼠标后，即在图像文件中创建了切片，其形态如图 5-123 所示。

此时，将鼠标光标放置到选择切片的任一边缘位置，当鼠标光标显示为双向箭头时按住鼠标并拖曳，可调整切片的大小。将鼠标光标移动到选择的切片内，按住鼠标左键并拖曳，可调整切片的位置，释放鼠标后，图像文件中将产生新的切片效果。

利用 ✎ 工具选择图像文件中切片名称显示为灰色的切片，然后单击属性栏中的 提升 按钮，可以将

图5-123　创建切片后的图像文件

当前选择的切片激活，即左上角的切片名称显示为蓝色。另外，单击属性栏中的 划分... 按钮，在弹出的【划分切片】对话框中，可对当前选择的切片进行均匀分割。

5.2.3　【注释】和【语音注释】工具

选择 ▢ 工具，然后将鼠标光标移动到图像文件中，单击或拖曳鼠标创建一个矩形框，即可创建注释框，在注释框中可输入要说明的文字。

- 将鼠标光标放置在注释框的右下角位置，当光标显示为"双向箭头"时，拖曳鼠标，可以自由设定注释框的大小。
- 将鼠标光标放置到注释图标或注释框的标题栏上，当光标变为"箭头"图标时，拖曳鼠标即可移动注释框的位置。
- 单击【注释】框右上角的小正方形，可以关闭展开的注释框。双击要打开的注释图标，或在要打开的注释图标上单击鼠标右键，在弹出的快捷菜单中选择【打开注释】命令，可以将关闭的注释框展开。
- 确认注释图标处于选择的状态，按 Delete 键，可将选择的注释删除。

要点提示　　如果想同时删除图像文件中的多个注释，只要在任意注释图标上单击鼠标右键，在弹出的快捷菜单中选择【删除所有注释】命令即可。

选择 🔊 工具，在图像文件中单击鼠标，即可弹出【语音注释】对话框，单击 开始(S)... 按钮，便可以通过麦克风录制语音信息。录制完成后，单击 停止(T) 按钮，可以停止录音工作并关闭【语音注释】对话框。

在图像文件中设置语音注释后，双击语音注释图标，即可播放语音注释。

要点提示　　当在文件中添加了注释或语音注释后，如果要保存文件，同时也将这些注释保存，所存的文件格式必须选择 ".psd"、".pdf" 或 ".tif" 格式，并在【存储为】对话框中选择【注释】选项。

5.2.4 【吸管】和【颜色取样器】工具

【吸管】工具 ✐ 和【颜色取样器】工具 ✐ 是从图像中获取颜色和测量颜色数值的工具，下面分别介绍其使用方法。

1. 【吸管】工具

选择 ✐ 工具，在需要选择的颜色样点处单击鼠标，可将吸取的颜色作为前景色。若按住 Alt 键，同时单击要吸取的颜色，吸取后的颜色则作为背景色。

【吸管】工具也可以直接在【色板】面板中吸取所需要的颜色，只是在色板中吸取背景色时，不能按住 Alt 键，而是要按住 Ctrl 键。若按住 Alt 键，则会将选择的颜色样本在【色板】面板中删除。

2. 【颜色取样器】工具

【颜色取样器】工具是用于在图像文件中提取多个颜色样本的工具，它最多可以在图像文件中定义 4 个取样点。用此工具时【信息】面板不仅显示测量点的色彩信息，还会显示鼠标当前所在的位置以及所在位置的色彩信息。

选择 ✐ 工具，在图像文件中依次单击创建取样点，此时【信息】面板中将显示鼠标单击处的颜色信息，如图 5-124 所示。

图5-124　选择多个样点时【信息】面板显示的颜色信息

5.2.5 【度量】和【记数】工具

【度量】工具 ✐ 和【记数】工具 ₁2³ 属于测量数据和信息标记的工具，它们的作用是测量两点之间的距离、角度、给文件标记数位点等。

1. 【度量】工具

- 测量长度：在图像中的任意位置拖曳鼠标，创建测量线，属性栏中即会显示测量的结果，如图 5-125 所示。

| ✐ ▾ | X:38.00 | Y:135.00 | W:314.00 | H:14.00 | A:-2.6° | L1:314.31 | L2: | ☑ 使用测量比例 | 清除 |

图5-125　【度量】工具测量长度时的属性栏

【X】值、【Y】值为测量起点的坐标值。【W】值、【H】值为测量起点与终点的水平、垂直距离。【A】值为测量线与水平方向间的角度。【L1】值为当前测量线的长度。单击 清除 按钮，可以把当前测量的数值和图像中的测量线清除。

第 5 章　文字和其他工具的应用

- 测量角度：在图像中的任意位置拖曳鼠标，创建一测量线，按住 Alt 键，将鼠标光标移动至刚才创建测量线的端点处，当鼠标光标显示为带加号的角度符号时，拖曳鼠标创建第二条测量线。此时，属性栏中即会显示测量角的结果，如图5-126 所示。

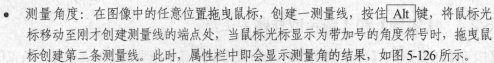

图5-126 【度量】工具测量角度时的属性栏

【X】值、【Y】值为两条测量线的交点，即测量角的顶点坐标。【A】值为测量角的角度。【L1】值为第一条测量线的长度。【L2】值为第二条测量线的长度。

按住 Shift 键，在图像中拖曳鼠标，可以创建水平、垂直或成 45°倍数的测量线。按住 Shift + Alt 组合键，可以测量以 45°为单位的角度。

2. 【记数】工具

【记数】工具主要是给文件中需要按照顺序标记数字符号位置的工具，使用方法非常简单，只在需要标记的位置单击即可。

5.2.6 Photoshop CS3 界面模式的显示设置

利用 Photoshop CS3 进行编辑和处理图像时，其工作界面有两类模式，分别为编辑模式和显示模式。下面对它们分别进行详细介绍。

1. 编辑模式

在 Photoshop CS3 工具箱的下方有以下两种模式按钮。

- 【以标准模式编辑】按钮 ⬜：是 Photoshop CS3 默认的编辑模式。
- 【以快速蒙版模式编辑】按钮 ⬛：快速蒙版模式用于创建各种特殊选区。在默认的编辑模式下单击该按钮，可切换到快速蒙版编辑模式，此时所进行的各种编辑操作不是对图像进行的，而是对快速蒙版进行的。这时，【通道】面板中会增加一个临时的快速蒙版通道。

2. 显示模式

Photoshop CS3 给设计者提供了 4 种屏幕显示模式，在工具箱下边的 🔲【更改屏幕模式】按钮上按住鼠标，将弹出图 5-127 所示的 4 种屏幕模式选项。

- 【标准屏幕模式】按钮 🔲：是默认的显示模式。
- 【最大化屏幕模式】按钮 🔲：单击此按钮，在工作区中以最大化区域来显示图像窗口。
- 【带有菜单栏的全屏模式】按钮 🔲：单击此按钮，界面会将标题栏和文件的信息栏隐藏。
- 【全屏模式】按钮 🔲：单击此按钮，会在隐藏标题栏和信息栏的基础上将菜单栏也隐藏。

图5-127 屏幕模式

连续在 🔲 按钮上单击或连续按 F 键，可以在这几种模式之间相互切换。

小结

　　本章主要介绍了各种文字的输入方法，并对文字的编辑、变形、转换等操作进行了详细介绍。另外，在本章的最后，还对工具箱中的其他工具进行了简单的介绍。其中文字的转换、变形文字和跟随路径功能在实际工作过程中非常重要，它为画面字体的创意设计带来无限的创作空间。通过本章的命令介绍与实例制作，希望读者能够熟练掌握文字工具的相关内容，并能在实际工作过程中熟练应用，随心所欲地创建出各种文字效果。

　　至此，工具箱中的工具按钮已经讲解完了，熟练掌握各种工具的使用方法和技巧是学好 Photoshop CS3 的第一步，合理使用这些工具可以提高工作效率，使制作的作品更加美观，并在绘图或图像处理过程中起到事半功倍的效果。

习题

一、简答题

1. 简述【裁剪】工具的功能和使用方法。
2. 简述【吸管】工具的功能和使用方法。

二、操作题

1. 打开素材文件中"图库\第 05 章"目录下名为"地产广告底图.jpg"的背景图片，如图 5-128 所示。用本章介绍的文字工具，制作出图 5-129 所示的报纸稿。

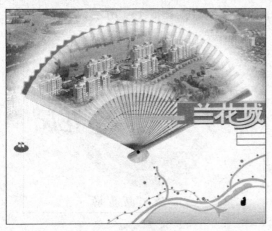

图5-128　打开的背景图片

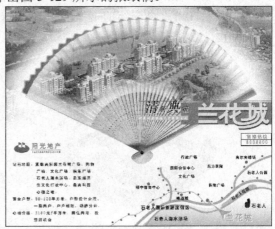

图5-129　制作的报纸稿

　　2. 打开素材文件中"图库\第 05 章"目录下名为"儿童.jpg"的图片文件，如图 5-130 所示。用本章介绍的文字工具并结合前面章节中介绍的其他工具的使用方法，制作出如图 5-131 所示的杂志封面效果。

图5-130 打开的图片　　　　　　　　　图5-131 制作完成的杂志封面

3. 用第4章介绍的路径工具及本章介绍的文字转换命令,制作出图5-132所示的霓虹灯效果作品。

图5-132 制作的霓虹灯效果

4. 打开素材文件中"图库\第 05 章"目录下名为"标志.psd"的标志文件,如图5-133 所示。用本章介绍的文字工具在标志中加入文字,如图5-134 所示。

图5-133 打开的标志文件　　　　　　　图5-134 加入文字效果

第6章 图层的应用

图层是利用 Photoshop CS3 进行图形绘制和图像处理的最基础且最重要的命令，可以说每一幅图像的处理都离不开图层的应用。灵活地运用图层可以提高作图速度和效率，并且还可以制作出很多特殊艺术效果，所以希望读者要认真学习，并熟练掌握本章介绍的内容。

学习目标
- 理解图层的概念。
- 熟悉【图层】面板。
- 熟悉常用图层类型。
- 熟悉图层的基本操作。
- 熟悉图层的混合模式。
- 熟悉图层样式。

6.1 图层的应用

在实际的工作中，图层的运用非常广泛，通过新建图层，可以将当前所要编辑和调整的图像独立出来，然后在各个图层中分别编辑图像的每个部分，从而使图像更加丰富。

 命令简介

- 图层：可以将图层想像成是一张张叠起来的透明画纸。如果图层上没有图像，就可以一直看到底下的背景图层。
- 【图层】面板：此面板是一个相当重要的控制面板，它的主要功能是显示当前图像的所有图层、图层样式、【混合模式】及【不透明度】等参数的设置，以方便设计者对图像进行调整修改。
- 常用图层类型：常用的图层类型主要分为背景层、普通层、调节层、效果层、形状层、蒙版层、文本层等几大类。
- 图层的基本操作：图层的基本操作包括图层的创建、显示或隐藏、复制与删除、链接与合并、对齐与分布等。

【例6-1】 利用图层及图层的基本操作命令，制作如图 6-1 所示的链接文字效果。

 操作步骤

(1) 打开素材文件中名为 "T6-01.jpg" 的图片文件。

(2) 将前景色设置为黑色，选择 T 工具，在画面中输入如图 6-2 所示的文字。

图6-1 制作的链接文字效果

图6-2 输入的文字

(3) 执行【图层】/【图层样式】/【投影】命令，在弹出的【图层样式】对话框中设置各选项及参数，如图 6-3 所示。

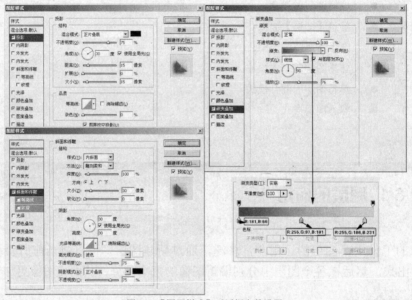

图6-3 【图层样式】对话框参数设置

(4) 单击 确定 按钮，文字效果如图 6-4 所示。

(5) 新建"图层 1"，然后按住 Shift 键单击"Good"文字层，将两个图层一起选中，如图 6-5 所示。

(6) 执行【图层】/【合并图层】命令，将添加图层样式后的文字效果层合并，【图层】面板如图 6-6 所示。

图6-4 文字效果

图6-5 选中的图层

图6-6 合并后的图层

(7) 选择 ▭ 工具，在画面中绘制出如图 6-7 所示的矩形选区，将数字 "G" 框选。

(8) 执行【图层】/【新建】/【通过剪切的图层】命令，将选区内的数字通过剪切生成"图层 2"，然后将"图层 1"设置为当前层，如图 6-8 所示。

(9) 使用相同的剪切图层方法，将两个字母 "o" 分别剪切生成"图层 3"和"图层 4"，此时【图层】面板的形态如图 6-9 所示。

图6-7　绘制的矩形选区　　　　　图6-8　设置的工作层　　　　　图6-9　剪切生成的图层

(10) 将"图层 2"设置为当前图层，选择 ▸⊕ 工具，勾选属性栏中的 ☐显示变换控件 复选框。

(11) 将鼠标光标移动到定界框右上角控制点的上方，当鼠标光标显示为旋转符号时，按住鼠标左键并拖曳，将其旋转成如图 6-10 所示的形态。然后按 Enter 键确认文字的旋转操作。

(12) 用与上述步骤相同的方法，将"图层 3"中的"o"旋转放大成如图 6-11 所示的形态，然后取消勾选属性栏中的 ☐显示变换控件 复选框。

图6-10　旋转文字形态　　　　　　　　　图6-11　旋转放大文字形态

(13) 按住 Ctrl 键，在【图层】面板中单击"图层 3"，添加选区，如图 6-12 所示。

(14) 选择 ♡ 工具，并激活属性栏中的 ☐ 按钮，然后在图 6-13 所示的位置绘制修剪选区，修剪后的选区形态如图 6-14 所示。

图6-12　创建的选区　　　　　图6-13　绘制修剪选区　　　　　图6-14　修剪后的选区

(15) 将"图层 2"设置为当前层，按 Delete 键删除，字母链接效果如图 6-15 所示。

(16) 将"图层 4"设置为当前图层，旋转角度后添加选区，如图 6-16 所示。

(17) 修剪选区后将"图层 4"设置为当前层并按 Delete 键，效果如图 6-17 所示。

图6-15 字母链接效果　　　　　　　　　图6-16 添加的选区　　　　　　　　　图6-17 字母链接效果

(18) 使用相同的操作方法，将字母"d"制作出如图 6-18 所示的链接效果。

图6-18 制作的字母链接效果

(19) 按 Ctrl+Shift+S 组合键，将当前文件另命名为"链接效果.psd"保存。

 知识链接

1. 图层概念

通过上面的实例，读者对图层已经有了一个基本的认识，下面再以一个简单的比喻来具体说明。例如要在纸上绘制一幅儿童画，首先要在纸上绘制出儿童画的背景（这个背景是不透明的），然后在纸的上方添加一张完全透明的纸绘制儿童画的草地，绘制完成后，在纸的上方再添加一张完全透明的纸绘制儿童画的其余图形……依此类推，在绘制儿童画的每一部分之前，都要在纸的上方添加一张完全透明的纸，然后在添加的透明纸上绘制新的图形。绘制完成后，通过纸的透明区域可以看到下面的图形，从而得到一幅完整的作品。在这个绘制过程中，添加的每一张纸就是一个图层。图层原理说明图如图 6-19 所示。

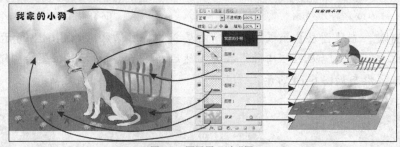

图6-19 图层原理说明图

上面介绍了图层的概念，那么在绘制图形时为什么要建立图层呢？仍以上面的例子来说明。如果在一张纸上绘制儿童画，当全部绘制完成后，突然发现草地效果不太合适。这时候只能选择重新绘制这幅作品，因此对在一张纸上绘制的画面进行修改非常麻烦。而如果是分层绘制的，遇到这种情况就不必重新绘制了，只需找到绘制草地图形的图层，将其删除，然后重新添加一个图层，绘制一幅合适的草地图形，放到刚才删除的图层的位置即可，这样可以大大节省绘图时间。另外，除了易修改的优点外，还可以在一个图层中随意拖动、复制和粘贴图形，并能对图层中的图形制作各种特效，而这些操作都不会影响其他图层中的图形。

2. 【图层】面板

打开素材文件中"图库\第 06 章"目录下名为"图层面板说明图.psd"的文件，其画面效果及【图层】面板如图 6-20 所示。

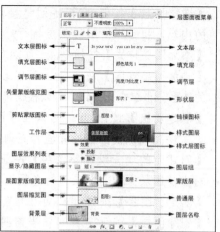

图6-20　【图层】面板形态

要点提示　　并不是所有图像文件的【图层】面板都包括本图像文件的这些图层元素，有些文件的图层可能只有其中的一部分。此处只是为了介绍【图层】面板，所以选用了一幅较为典型的实例。

下面分别介绍【图层】面板中的默认选项及按钮。

- 【图层面板菜单】按钮 ≡：单击此按钮，可弹出【图层】面板的下拉菜单。
- 【图层混合模式】 正常 ：设置当前图层中的图像与下面图层中的图像以何种模式进行混合。
- 【不透明度】：设置当前图层中图像的不透明程度。数值越小，图像越透明；数值越大，图像越不透明。
- 【锁定透明像素】按钮 ⊠：可以使当前图层中的透明区域保持透明。
- 【锁定图像像素】按钮 ✎：在当前图层中不能进行图形绘制以及其他命令操作。
- 【锁定位置】按钮 ✛：可以使当前图层中的图像锁定不被移动。
- 【锁定全部】按钮 🔒：在当前图层中不能进行任何编辑修改操作。
- 【填充】：设置图层中图形填充颜色的不透明度。
- 【显示/隐藏图层】图标 👁：表示此图层处于可见状态。如果单击此图标，图标中的眼睛被隐藏，表示此图层处于不可见状态。
- 图层缩览图：用于显示本图层的缩略图，它随着该图层中图像的变化而随时更新，以便读者在进行图像处理时参考。
- 图层名称：显示各图层的名称。
- 图层组：图层组是图层的组合，它的作用相当于 Windows 系统管理器中的文件夹，主要用于组织和管理图层并将这些图层作为一个对象进行移动、复制等。单击面板底部的 ▭ 按钮或执行【图层】/【新建】/【图层组】命令，即可在【图层】面板中创建序列图层组。
- 【剪贴蒙版】图标 ↓：执行【图层】/【创建剪贴蒙版】命令，当前图层将与它下面的图层相结合建立剪贴蒙版，当前图层的前面将生成剪贴蒙版图标，其下的图层即为剪贴蒙版图层。

在【图层】面板底部有 7 个按钮，下面分别进行介绍。

- 【链接图层】按钮 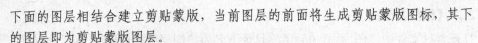：通过链接两个或多个图层，可以一起移动链接图层中的内容，也可以对链接图层执行对齐与分布以及合并图层等操作。
- 【添加图层样式】按钮 *fx*.：可以对当前图层中的图像添加各种样式效果。
- 【添加图层蒙版】按钮 ▣：可以给当前图层添加蒙版。如果先在图像中创建适当的选区，再单击此按钮，可以根据选区范围在当前图层上建立适当的图层蒙版。
- 【创建新组】按钮 ▢：可以在【图层】面板中创建一个新的序列。序列类似于文件夹，以便图层的管理和查询。
- 【创建新的填充或调整图层】按钮 ◉.：可在当前图层上添加一个调整图层，对当前图层下边的图层进行色调、明暗等颜色效果调整。
- 【创建新图层】按钮 ▣：可在当前图层上创建新图层。
- 【删除图层】按钮 🗑：可将当前图层删除。

3. 常用图层类型

- 背景图层：背景图层相当于绘画中最下方不透明的纸。在 Photoshop 中，一个图像文件中只有一个背景图层，它可以与普通图层进行相互转换，但无法交换堆叠次序。如果当前图层为背景图层，执行【图层】/【新建】/【背景图层】命令或在【图层】面板的背景图层上双击，即可将背景图层转换为普通图层。
- 普通图层：普通图层相当于一张完全透明的纸，是 Photoshop 中最基本的图层类型。单击【图层】面板底部的 ▣ 按钮或执行【图层】/【新建】/【图层】命令，即可在【图层】面板中新建一个普通图层。
- 调节图层：调节图层主要用于调节其下所有图层中图像的色调、亮度和饱和度等。单击【图层】面板底部的 ◉.按钮，在弹出的下拉列表中选择任意一个选项，即可创建调节图层。
- 效果图层：【图层】面板中的图层应用图层效果（如阴影、投影、发光、斜面和浮雕以及描边等）后，右侧会出现一个 *fx*（效果层）图标，此时，这一图层就是效果图层。注意，背景图层不能转换为效果图层。单击【图层】面板底部的 *fx*.按钮，在弹出的下拉列表中选择任意一个选项，即可创建效果图层。
- 形状图层：使用工具箱中的矢量图形工具在文件中创建图形后，【图层】面板会自动生成形状图层。当执行【图层】/【栅格化】/【形状】命令后，形状图层将被转换为普通图层。
- 蒙版图层：在图像中，图层蒙版中颜色的变化使其所在图层图像的相应位置产生透明效果。其中，该图层中与蒙版的白色部分相对应的图像不产生透明效果，与蒙版的黑色部分相对应的图像完全透明，与蒙版的灰色部分相对应的图像根据其灰度产生相应程度的透明。
- 文本图层：在文件中创建文字后，【图层】面板会自动生成文本层，其缩览图显示为 T 图标。当对输入的文字进行变形后，文本图层将显示为变形文本图层，其缩览图显示为 T 图标。

要点提示　　文本图层可以进行移动、堆叠和复制，但大多数编辑命令都不能在文本图层中使用。要想使用，必须执行【图层】/【栅格化】/【文字】命令，将文本图层转换为普通图层。

4. 图层基本操作

(1) 图层的创建。执行【图层】/【新建】命令，弹出图 6-21 所示的【新建】子菜单。

- 当选择【图层】命令时，系统将弹出图 6-22 所示的【新建图层】对话框。在此对话框中，可以对新建图层的【颜色】、【模式】和【不透明度】进行设置。

图6-21　【图层】/【新建】子菜单

图6-22　【新建图层】对话框

- 当执行【背景图层】命令时，可以将背景图层改为一个普通图层，此时【背景图层】命令会变为【图层背景】命令；执行【图层背景】命令，可以将当前图层更改为背景图层。

- 当执行【组】命令时，将弹出图 6-23 所示的【新建组】对话框。在此对话框中可以创建图层组，相当于图层文件夹。

- 当【图层】面板中有链接图层时，【从图层建立组】命令才可用，执行此命令，可以新建一个图层组，并将当前链接的图层，除背景图层外的其余图层放置在新建的图层组中。

图6-23　【新建组】对话框

- 执行【通过复制的图层】命令，可以将当前画面选区中的图像通过复制生成一个新的图层，且原画面不会被破坏。

- 执行【通过剪切的图层】命令，可以将当前画面选区中的图像通过剪切生成一个新的图层，且原画面被破坏。

(2) 图层的复制。将鼠标光标放置在要复制的图层上，按住鼠标左键向下拖曳至 🗔 按钮上释放，即可将所拖曳的图层复制并生成一个"副本"层。另外，执行【图层】/【复制图层】命令也可以复制当前选择的图层。

要点提示　　图层可以在当前文件中复制，也可以将当前文件的图层复制到其他打开的文件中或新建的文件中。将鼠标光标放置在要复制的图层上，按下鼠标左键向要复制的文件中拖曳，释放鼠标左键后，所选择图层中的图像即被复制到另一文件中。

(3) 图层的删除。将鼠标光标放置在要删除的图层上，按住鼠标左键向下拖曳至 🗑 按钮上释放，即可将所拖曳的图层删除。另外，确认要删除的图层处于当前工作图层，在【图层】面板中单击 🗑 按钮或执行【图层】/【删除】/【图层】命令，同样可以将当前选择的图层删除。

(4) 图层的叠放次序。图层的叠放顺序对作品的效果有着直接的影响，因此在实例制作过程中，必须准确调整各图层在画面中的叠放位置，其调整方法有以下两种。

第 6 章　图层的应用

- 菜单法：执行【图层】/【排列】命令，将弹出图 6-24 所示的【排列】子菜
  单。执行其中的相应命令，可以调整图层的位置。
- 手动法：在【图层】面板中要调整叠放顺序的图层
  上按住鼠标左键，然后向上或向下拖曳鼠标光标，
  此时【图层】面板中会有一线框跟随鼠标光标拖
  动，当线框调整至要移动的位置后释放鼠标左键，当前图层即会调整至释放鼠
  标左键的图层位置。

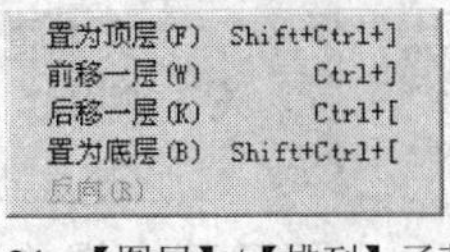

图6-24 【图层】/【排列】子菜单

(5) 图层的链接与合并。在复杂实例制作过程中，一般将已经确定不需要再调整的图层合并，这样有利于下面的操作。图层的合并命令主要包括【向下合并】、【合并可见图层】和【拼合图像】。

- 执行【图层】/【向下合并】命令，可以将当前工作图层与其下面的图层合并。
  在【图层】面板中，如果有与当前图层链接的图层，此命令将显示为【合并链
  接图层】，执行此命令可以将所有链接的图层合并到当前工作图层中。如果当
  前图层是序列图层，执行此命令可以将当前序列中的所有图层合并。
- 执行【图层】/【合并可见图层】命令，可以将【图层】面板中所有的可见图层
  合并，并生成背景图层。
- 执行【图层】/【拼合图像】命令，可以将【图层】面板中的所有图层拼合，拼
  合后的图层生成成为背景图层。

(6) 图层的对齐与分布。使用图层的对齐和分布命令，可以按当前工作图层中的图像为依据，对【图层】面板中所有与当前工作图层同时选取或链接的图层进行对齐与分布操作。

- 图层的对齐：当【图层】面板中至少有两个同时被选中或链接的图层，且背景
  图层不处于链接状态时，图层的对齐命令才可用。执行【图层】/【对齐】命
  令，将弹出如图 6-25 所示的【对齐】子菜单。执行其中的相应命令，可以将
  图层中的图像进行对齐。
- 图层的分布：在【图层】面板中至少有 3 个同时被选中或链接的图层，且背景
  图层不处于链接状态时，图层的分布命令才可用。执行【图层】/【分布】命
  令，将弹出如图 6-26 所示的【分布】子菜单。执行相应命令，可以将图层中
  的图像进行分布。

图6-25 【图层】/【对齐】子菜单 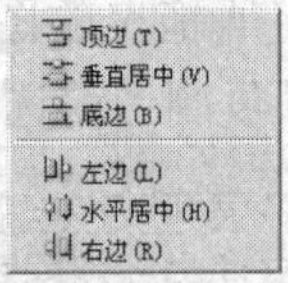　　　　　　　　　　图6-26 【图层】/【分布】子菜单

6.2 图层混合模式

　　【图层】面板中的图层混合模式及其他相关面板中的【模式】选项，在图像处理及效果制作中被广泛应用，特别是在多个图像合成方面更有其独特的作用及灵活性，掌握好其使用方法对将来的图像合成操作有极大的帮助。

命令简介

- 图层混合模式: 图层混合模式中的各种样式设置,决定了当前图层中的图像与其下面图层中的图像以何种模式进行混合。

6.2.1 制作牛皮质感沙发效果

【例6-2】 利用图层混合模式功能制作如图 6-27 所示的牛皮沙发质感效果。

操作步骤

(1) 打开素材文件中名为 "沙发.jpg" 的图片文件,如图 6-28 所示。

图6-27 牛皮质感的沙发效果   图6-28 打开的图片

(2) 执行【图层】/【新建】/【图层】命令,弹出【新建图层】对话框,设置【模式】为 "柔光",【不透名度】为 "70%",勾选【填充柔光中性色】复选框,如图 6-29 所示。

(3) 单击 [确定] 按钮,即可在【图层】面板中创建具有柔光性质的中性色 "图层 1" 层,如图 6-30 所示。

图6-29 【新建图层】对话框   图6-30 【图层】面板

(4) 执行【滤镜】/【纹理】/【马赛克拼贴】命令,弹出【马赛克拼贴】对话框,设置参数 如图 6-31 所示。

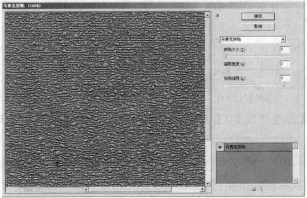

图6-31 【马赛克拼贴】对话框

(5) 单击 确定 按钮，制作的牛皮质感沙发效果如图 6-27 所示。

(6) 按 Ctrl+Shift+S 组合键，将当前文件另命名为"牛皮沙发.psd"保存。

 案例小结　本例通过执行【图层】/【新建】/【图层】命令新建了一个具有柔光性质的中性色"图层 1"层，其中设置的【模式】和【不透明度】选项与【图层】面板上面的功能完全相同，但【填充柔光中性色】选项只有利用此命令新建图层时才能够设置。

6.2.2　制作图像合成效果

【例6-3】　利用【图层样式】对话框中的【混合选项】命令制作出图 6-32 所示的图片合成效果。

图6-32　合成后的图片效果

操作步骤

(1) 打开素材文件中名为"天空.jpg"和"海鸥.jpg"的图片文件，如图 6-33 所示。

(2) 利用 工具，将"海鸥"图片移动复制到"天空"文件中，并将其调整大小后放置到如图 6-34 所示的位置。

图6-33　打开的图片文件　　　　　　　图6-34　图片放置的位置

(3) 执行【图层】/【图层样式】/【混合选项】命令，弹出【图层样式】对话框，如图 6-35 所示。

(4) 按住 Alt 键，将鼠标光标放置在图 6-36 所示的三角形按钮上，按住鼠标左键并拖曳，将三角形按钮向左移动至如图 6-37 所示的位置，读者在调整时要注意画面的效果变化。

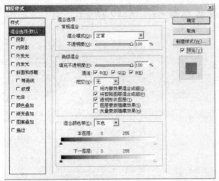

图6-35 【图层样式】对话框

图6-36 鼠标光标放置的位置

图6-37 调整后的按钮位置

(5) 单击 ___确定___ 按钮，图像混合后的效果如图 6-32 所示。

(6) 按 Ctrl+Shift+S 组合键，将文件另命名为"合成图像.psd"保存。

案例小结　　本节介绍了利用【图层样式】对话框中的【混合选项】命令制作图像的合成效果，利用此种操作方法可以制作很多意想不到的图像合成效果，希望读者能够将其灵活掌握。

6.2.3 制作抽线效果

【例6-4】　抽线效果的制作。

本节利用【图层】菜单栏中的【新建填充图层】命令及【图层】面板中的【图层混合模式】和【填充】选项的设置，制作如图 6-38 所示的图像抽线效果。

操作步骤

(1) 新建一个【宽度】为"40 像素"，【高度】为"20 像素"，【分辨率】为"80 像素/英寸"，【颜色模式】为"RGB 颜色"，【背景内容】为"透明"的文件。

(2) 选择 工具，在画面中绘制一个矩形选区并填充上白色，如图 6-39 所示。

(3) 按 Ctrl+D 组合键去除选区，执行【编辑】/【定义图案】命令，弹出【图案名称】对话框，如图 6-40 所示。

图6-38 制作的抽线效果

图6-39 绘制的矩形

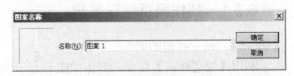

图6-40 【图案名称】对话框

(4) 单击 ___确定___ 按钮后，将"未标题 1"文件关闭。打开素材文件中名为"T6-02.jpg"的图片文件，如图 6-41 所示。

(5) 执行【图层】/【新建填充图层】/【图案】命令，在弹出的【新建图层】对话框中单击 ___确定___ 按钮，弹出【图案填充】对话框。

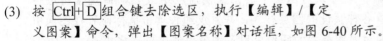

(6) 在【图案填充】对话框中选择刚才定义的图案，并设置参数如图 6-42 所示。

(7) 单击 确定 按钮，此时的画面效果如图 6-43 所示。

图6-41 打开的图片文件　　　　　　图6-42 【图案填充】对话框　　　　　图6-43 填充图案后的效果

(8) 在【图层】面板中将"图案填充 1"层的图层混合模式设置为"柔光"，更改混合模式后的效果如图 6-38 所示。

(9) 按 Ctrl+Shift+S 组合键，将此文件另命名为"抽线效果.psd"保存。

> **案例小结** 通过介绍本例，读者主要掌握了定义图案以及利用执行【图层】/【新建填充图层】/【图案】命令给图像填充图案的操作方法，利用此命令的好处是可以根据画面的需要随时调整图案的大小。

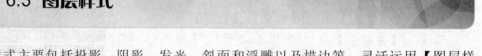

6.3 图层样式

图层样式主要包括投影、阴影、发光、斜面和浮雕以及描边等，灵活运用【图层样式】命令可以制作许多意想不到的效果。

命令简介

- 图层样式：利用图层样式可以对图层中的图像快速应用效果，通过【图层样式】面板还可以查看各种预设的图层样式，并且仅通过单击鼠标即可在图像中应用样式，也可以通过对图层中的图像应用多种效果创建自定样式。

6.3.1 制作网页按钮效果

【例6-5】 网页按钮的制作。

利用【图层样式】命令，制作如图 6-44 所示的网页按钮。

图6-44 制作的网页按钮

操作步骤

(1) 新建一个【宽度】为"20 厘米",【高度】为"5 厘米",【分辨率】为"150 像素/英寸",【颜色模式】为"RGB 颜色",【背景内容】为"白色"的文件。

(2) 将前景色设置为灰色（R:203,G:203,B:203），按 Alt + Delete 组合键，为新建的文件填充灰色。

(3) 选择 ＼ 工具，在属性栏中激活 □ 按钮，并设置属性栏中的 粗细: [6 px] 选项。

(4) 新建"图层 1"，将前景色设置为白色，按住 Shift 键在画面中绘制出如图 6-45 所示的线形。

(5) 选择 □ 工具，在画面中绘制如图 6-46 所示的矩形选区。

图6-45 绘制出的线形

图6-46 绘制出的矩形选区

(6) 按住 Ctrl + Alt 组合键，将鼠标光标移动到选区内，按住鼠标左键并向上拖曳，将选区内的线形移动复制，其状态如图 6-47 所示。

(7) 利用 □ 工具将复制出的两条线形选择，然后再按住 Ctrl + Alt 组合键，将鼠标光标移动到选区内，按住鼠标左键并向上拖曳移动复制线形，其状态如图 6-48 所示。

图6-47 移动复制时的状态

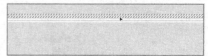
图6-48 移动复制时的状态

(8) 使用相同的复制方法，复制出图 6-49 所示的线形。

(9) 执行【滤镜】/【模糊】/【高斯模糊】命令，弹出【高斯模糊】对话框，参数设置如图 6-50 所示。

图6-49 移动复制出的线形

图6-50 【高斯模糊】对话框

(10) 单击 确定 按钮，线形效果如图 6-51 所示。

(11) 新建"图层 2"，选择 ○ 工具，激活属性栏中的 □ 按钮，然后按住 Shift 键，在画面中绘制出图 6-52 所示的圆形。

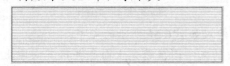
图6-51 线形效果

图6-52 绘制的圆形

(12) 执行【图层】/【图层样式】/【混合选项】命令，在弹出的【图层样式】对话框中设置各选项的参数，如图 6-53 所示。

【投影】选项参数设置

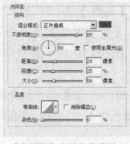

【内阴影】选项参数设置

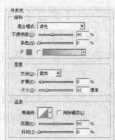

【外发光】选项参数设置

【内发光】选项参数设置

【斜面和浮雕】选项参数设置

【等高线】选项参数设置

【光泽】选项参数设置

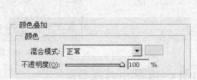

【颜色叠加】选项参数设置

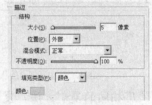

【描边】选项参数设置

图6-53　【图层样式】对话框中的各选项及参数设置

要点提示

在设置【图层样式】对话框中各选项的颜色参数时，【投影】选项设置为绿色（R:65,G:129,B:71），【内阴影】选项设置为深灰色（R:22,G:71,B:44），【外发光】选项设置为绿色（R:45,G:170,B:45），【内发光】选项设置为蓝色（R:8,G:77,B:163），【斜面和浮雕】的【高光模式】选项设置为白色，【光泽】选项设置为浅绿色（R:184,G:255,B:127），【颜色叠加】选项设置为浅绿色（R:172,G:255,B:140），【描边】选项设置为黄色（R:255,G:203,B:5）。

(13) 单击 ▢ 确定 ▢ 按钮，添加图层样式后的效果如图 6-54 所示。

(14) 使用相同的图层样式设置方法，绘制另外两个按钮，如图 6-55 所示。

图6-54　添加图层样式后的效果

图6-55　绘制出的按钮

(15) 将前景色设置为黑色，选择 T 工具，在画面中输入如图 6-56 所示的文字。

(16) 在【图层】面板中将文字图层复制，将复制出的文字图层填充上白色并将其向左上方位置轻微移动，制作文字的投影效果，如图 6-57 所示。

图6-56 输入的文字　　　　　　　　　　　　　　　图6-57 制作的文字投影效果

(17) 按 $\boxed{\text{Ctrl}} + \boxed{\text{S}}$ 组合键，将其命名为"按钮效果.psd"保存。

知识链接

打开素材文件中"图库\第 06 章"目录下名为"图层样式.psd"的文件，其各层中的图像及【图层】面板如图 6-58 所示。

图6-58 打开的文件及【图层】面板

使用【图层样式】下一级菜单命令后，图像产生的各种效果如图 6-59 所示。

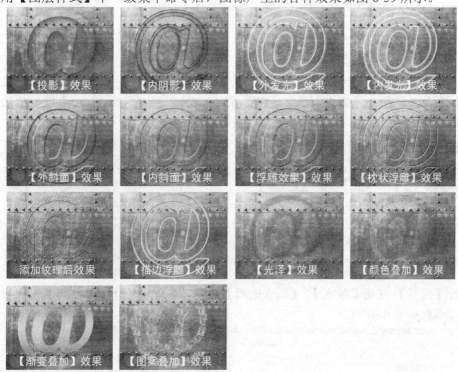

图6-59 使用【图层样式】命令产生的各种效果

6.3.2 制作雕刻效果

【例6-6】 雕刻效果的制作。

本节主要利用【内阴影】和【斜面和浮雕】图层样式命令，来制作如图 6-60 所示的雕刻效果。

图6-60 制作出的雕刻效果

 操作步骤

(1) 打开素材文件中名为"杯子.jpg"和"情侣头像.psd"的图片文件，如图6-61所示。

图6-61 打开的图片

(2) 将"情侣头像.psd"文件设置为工作状态，然后利用 □ 工具，绘制出如图 6-62 所示矩形选区，将左侧的头像选取。

(3) 将选择的头像移动复制到"杯子"文件中生成"图层 1"，再按 Ctrl + T 组合键，为其添加自由变换框，并将其调整至如图 6-63 所示的形态，然后按 Enter 键，确认图像的变换操作。

图6-62 绘制的选区

图6-63 调整后的图像形态

(4) 执行【图层】/【图层样式】/【混合选项】命令，在弹出的【图层样式】对话框中设置各项参数如图 6-64 所示。

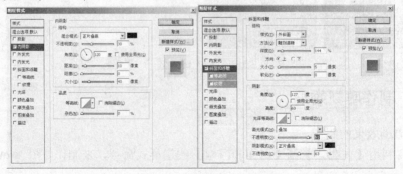

图6-64 【图层样式】对话框

(5) 单击 [确定] 按钮，添加图层样式后的效果如图 6-65 所示。

(6) 用与步骤 2～3 相同的方法，将右侧的情侣头像选择后移动复制到"杯子"文件中生成"图层 2"，然后将其调整大小后放置到右侧的杯子上。

(7) 将"图层 1"设置为当前层，然后执行【图层】/【图层样式】/【拷贝图层样式】命令，将当前层中的图层样式复制到剪贴板中。

(8) 将"图层 2"设置为当前层，然后执行【图层】/【图层样式】/【粘贴图层样式】命令，将剪贴板中的图层样式粘贴到当前层中，效果如图 6-66 所示。

图6-65 添加图层样式后的效果   图6-66 粘贴图层样式后的效果

(9) 按 Shift + Ctrl + S 组合键，将此文件另命名为"情侣杯.psd"保存。

案例小结 本节利用【内阴影】和【斜面和浮雕】图层样式命令制作了雕刻效果，其中要注意【内阴影】和【斜面和浮雕】面板中各个选项及参数的设置，只有设置正确的参数后才能够得到理想的雕刻效果。希望通过本例的介绍，读者可以举一反三地制作其他类型图案的雕刻效果。

 小结

　　本章详细地介绍了 Photoshop CS3 中最重要的命令——图层。在介绍的过程中，主要对图层的含义、【图层】面板、常见的图层类型、图层的基本操作及图层混合模式和图层样式做了详细的介绍，使读者能够清楚地了解什么是图层以及图层的作用和不同的功能。通过本章的介绍，希望读者在今后的实际工作过程中，能灵活运用【图层混合模式】选项和【图层样式】命令进行各种图像特殊效果的制作。

 习题

一、简答题

1. 简述利用图层进行图像处理的优点。
2. 简述图层的复制和删除操作。

二、操作题

1. 用本章介绍的图层基本知识，制作出如图 6-67 所示的金属锁链。

图6-67　制作的金属锁链

2.　打开素材文件中名为"T6-03.jpg"和"T6-04.jpg"的图片文件，如图 6-68 所示。用本章介绍的图层混合模式，制作出如图 6-69 所示的图像合成效果。

图6-68　打开的图片文件　　　　　　　　　　　　　图6-69　图像合成效果

3.　用本章介绍的【图层样式】命令，制作出图 6-70 所示的标志图形。

图6-70　制作的标志图形

4.　打开素材文件中名为"大提琴.jpg"和"天空 01.jpg"的图片文件，如图 6-71 所示。利用与本章 6.2.2 小节介绍的"制作图像合成效果"相同的方法，制作出如图 6-72 所示的图像合成效果。

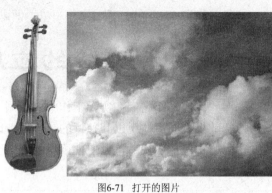

图6-71 打开的图片　　　　　　　　　　　图6-72 制作的图像合成效果

5. 打开素材文件中名为"咖啡杯.jpg"和"心形.psd"的图片文件，如图 6-73 所示。利用本章 6.3.2 小节介绍的"制作雕刻效果"的方法，制作出如图 6-74 所示的雕刻效果。

图6-73 打开的图片　　　　　　　　　　　图6-74 制作的雕刻效果

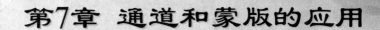

第7章 通道和蒙版的应用

在 Photoshop CS3 中，通道和蒙版是较难掌握的内容，而它们在实际工作中的应用又相当重要，特别是在建立和保存特殊选区及制作特殊效果方面更体现出其独特的灵活性。因此本章将详细介绍通道和蒙版的有关内容，并以相应的实例加以说明，以便使读者对它们有一个全面的认识。

- 掌握通道的概念。
- 学会【通道】面板的使用方法。
- 学会创建新通道、复制、删除、拆分与合并通道。
- 掌握蒙版概念。
- 学会新建蒙版和编辑使用蒙版。
- 学会关闭和删除蒙版。

7.1 通道的应用

命令简介

- 通道的概念：通道主要用于保存颜色数据。利用它可以查看图像各种通道的颜色信息，还可以通过编辑通道得到特殊的选区，从而达到编辑图像的目的。
- 【通道】面板：利用该面板可以完成创建、复制或删除通道等操作。

7.1.1 利用通道选取图像

【例7-1】 利用通道命令将人物从背景中选出并为其更换背景，制作出如图 7-1 所示的合成效果。

图7-1　合成后的画面效果

(1) 打开素材文件中名为"T7-01.jpg"和"T7-02.jpg"的图片文件，如图 7-2 所示。

(2) 确认"T7-01.jpg"文件为工作状态，依次在【通道】面板中单击"红"、"绿"、"蓝"通道，查看这 3 个通道的效果，可以看出蓝色通道中的头发与背景的对比最为强烈。

(3) 将"蓝"通道拖曳到下方的 ▢ 按钮处将其复制，如图 7-3 所示。

图7-2 打开的图片

图7-3 复制出的通道

(4) 选择 🔍 工具，并设置属性栏中的各选项及参数如图 7-4 所示。

图7-4 🔍 工具的属性栏设置

(5) 在图像的背景区域拖曳鼠标光标将背景淡化处理，最终效果如图 7-5 所示。注意不要淡化人物的头发区域。

(6) 执行【图像】/【应用图像】命令，在弹出的【应用图像】对话框中设置各选项如图 7-6 所示。

图7-5 背景淡化处理后的效果

图7-6 【应用图像】对话框

(7) 单击 确定 按钮，背景的大部分区域已显示为白色，如图 7-7 所示。

(8) 再次执行【图像】/【应用图像】命令，在弹出的【应用图像】对话框中将【不透明度】设置为"60"，单击 确定 按钮再一次将背景提亮，效果如图 7-8 所示。

图7-7 应用图像后的画面效果

图7-8 应用图像后的画面效果

此时在头发的边缘位置还存有少量的灰色，可以使用【减淡】工具进行处理。

(9) 选择 🔍 工具，并设置属性栏中的各选项及参数如图 7-9 所示。

图7-9 工具的属性栏设置

(10) 在头发边缘位置轻轻地拖曳鼠标光标将灰色背景淡化，最终效果如图 7-10 所示。

(11) 选择 工具，使用黑色将人物涂黑（椅子后背中的一块背景区域涂抹成白色），效果
如图 7-11 所示。

图7-10 淡化背景后的效果

图7-11 将人物涂抹成黑色后的效果

(12) 按 Ctrl+I 组合键将通道中的图像反相显示，效果如图 7-12 所示。

(13) 按住 Ctrl 键单击"蓝 副本"通道加载人物选区，然后按 Ctrl+~ 组合键转换到 RGB 通
道模式，并在【图层】面板中将"背景"层复制为"背景 副本"层，效果如图 7-13
所示。

图7-12 反相显示后的通道效果

图7-13 加载的选区及复制的图层

(14) 单击 按钮为"背景 副本"层添加图层蒙版，即屏蔽掉人物以外的背景区域。然后
将"T7-02.jpg"文件设置为工作状态，并利用 工具将其移动复制到"T7-01.jpg"文
件中，生成"图层 1"。

(15) 将"图层 1"调整至"背景 副本"层的下方，如图 7-14 所示。此时生成的画面合成效
果如图 7-15 所示。

图7-14 调整图层顺序后的效果

图7-15 合成的画面效果

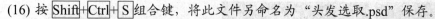

(16) 按 Shift+Ctrl+S 组合键，将此文件另命名为"头发选取.psd"保存。

案例小结　　通过本实例图像合成练习，主要介绍了利用【通道】命令和【应用图像】命令选择类似头发等复杂图像的方法，此种类型的图像选取在以后的实际工作中将会经常遇到，希望读者能够熟练掌握。

7.1.2　利用通道抠选图像

【例7-2】　利用通道抠选婚纱。

　　选取单色背景中的图像较为简单，但选取背景中透明的婚纱则需要掌握一定技巧。本案例介绍利用通道将黑色背景中的透明婚纱图像抠选出来，然后添加上新的背景，制作出如图 7-16 所示的合成效果。

(1) 打开素材文件中名为"T7-03.jpg"和"T7-04.jpg"的图片文件，如图 7-17 所示。

图7-16　制作的婚纱合成效果

图7-17　打开的图片

(2) 将"T7-03.jpg"文件设置为工作状态，打开【通道】面板，将明暗对比较明显的"蓝"通道复制为"蓝 副本"通道，如图 7-18 所示。

(3) 执行【图像】/【调整】/【亮度/对比度】命令，参数设置如图 7-19 所示。

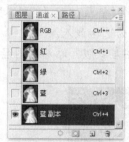

图7-18　复制出的通道

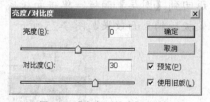

图7-19　【亮度/对比度】对话框

(4) 单击　确定　按钮，调整亮度及对比度前后的画面效果如图 7-20 所示。

(5) 在【通道】面板底部单击 ○ 按钮，载入"蓝 副本"通道的选区。

(6) 返回到【图层】面板中新建"图层 1"，将图层混合模式设置为"滤色"，并为"图层 1"填充蓝色，在【色板】中选择的颜色及填充的图层如图 7-21 所示。

(7) 使用相同的方法，分别创建"图层 2"和"图层 3"，图层混合模式都设置为"滤色"，将"图层 2"填充绿色，"图层 3"填充红色，选择的颜色及填充的图层如图 7-22 所示。

图7-20 调整亮度及对比度前后的对比效果　　　　　　　　图7-21 选择的颜色及填充的图层

(8) 按两次 Ctrl+E 组合键，将"图层3"和"图层2"合并到"图层1"中，合并后的【图层】面板如图7-23所示。

(9) 按 Ctrl+D 组合键去除选区，然后利用 ⊕ 工具，将"T7-04.jpg"图片移动复制到"T7-03.jpg"文件中，并将其生成的图层调整到"图层1"的下方，此时的画面效果如图7-24所示。

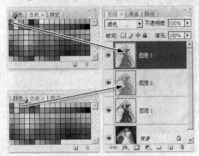
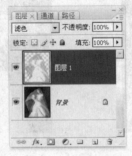

图7-22 选择的颜色及填充的图层　　　　图7-23 【图层】面板　　　　图7-24 复制的新背景

(10) 在【图层】面板中，将"背景"图层复制为"背景 副本"层，并调整至"图层1"的上方，将图层混合模式设置为"滤色"，【不透明度】设置为"50%"。

(11) 将"背景"图层再次复制为"背景 副本 2"层，并调整至"背景 副本"图层的上方，然后打开【通道】面板，并将"蓝 副本"通道作为选区载入。

(12) 返回到【图层】面板，单击面板底部的 ▢ 按钮添加图层蒙版，添加的图层蒙版及添加蒙版后的画面效果如图7-25所示。

图7-25 添加的图层蒙版及画面效果

(13) 选择 ⟋ 工具，设置属性栏参数如图 7-26 所示。

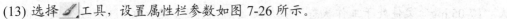

| ⟋ | · | 画笔: 90 | · | 模式: 正常 | ⟩ | 不透明度: 50% | ⟩ | 流量: 100% | ⟩ | ⟋ |

图7-26 画笔属性栏参数设置

(14) 将前景色设置为黑色，然后利用【画笔】工具编辑蒙版，在婚纱中将显示的蓝色屏蔽掉，如图 7-27 所示。

(15) 将前景色设置为白色，再设置不同的画笔大小及不透明参数，继续编辑蒙版进行细致的描绘，将头部、胳臂、手及婚纱的下半部分图像在被屏蔽的区域中显示出来，最后编辑完成的画面整体效果如图 7-28 所示。

图7-27 编辑蒙版状态　　　　　　　　　　　图7-28 编辑完成的画面整体效果

(16) 按 Shift+Ctrl+S 组合键，将此文件另命名为 "婚纱选取.psd" 保存。

> **案例小结**　　本实例主要介绍了利用通道添加选区、利用图层混合模式合成图像以及利用蒙版编辑合成图像的方法。另外，选取黑色背景中的透明婚纱的方法只适合背景是黑色的图像选取，对于颜色较复杂的背景，此方法就不太方便了，希望读者注意。

7.1.3　利用通道结合路径抠选图像

【例7-3】　利用通道结合路径抠选婚纱。

　　如果读者能够灵活地掌握通道和路径的结合使用，对于图像的选取操作将是非常有利的，不但节省了时间，而且还能够非常干净利索地得到需要的效果。下面利用通道和路径的结合将背景中的婚纱图像抠选出来，效果如图 7-29 所示。

(1) 打开素材文件中名为 "T7-05.jpg" 和 "T7-06.jpg" 的图片文件，如图 7-30 所示。

图7-29 婚纱合成效果　　　　　　　　　　　图7-30 打开的图片

(2) 确认 "T7-05.jpg" 文件处于工作状态，依次按 [Ctrl]+[A] 组合键和 [Ctrl]+[C] 组合键，将当前图像全部选择并复制。

(3) 单击【通道】面板中的 [⎘] 按钮，新建一个 "Alpha 1" 通道，然后按 [Ctrl]+[V] 组合键将复制的图像粘贴到新建的通道中。

(4) 按 [Ctrl]+[D] 组合键去除选区，然后利用 [✐] 和 [◥] 工具依次在画面中沿人物的边缘绘制出如图 7-31 所示的路径。

(5) 按 [Ctrl]+[Enter] 组合键将路径转换为选区，然后填充黑色，效果如图 7-32 所示。

图7-31 绘制的路径　　　　　　　　　　　　　　　图7-32 填充黑色后的效果

(6) 按 [Ctrl]+[D] 组合键去除选区，执行【图像】/【调整】/【色阶】命令，在弹出的【色阶】对话框中设置参数如图 7-33 所示，单击 [　确定　] 按钮。

(7) 按住 [Ctrl] 键单击 "Alpha 1" 通道加载选区，生成的选区形态如图 7-34 所示。

(8) 按 [Ctrl]+[~] 组合键转换到 RGB 通道模式，然后按 [Ctrl]+[J] 组合键将选区内的图像通过复制生成 "图层 1"，并将 "图层 1" 的图层混合模式设置为 "滤色"，此时的【图层】面板形态如图 7-35 所示。

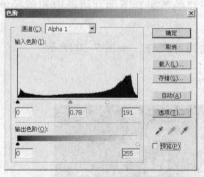

图7-33 【色阶】对话框参数设置　　　　图7-34 加载的选区　　　　　图7-35 【图层】面板

(9) 将 "T7-06.jpg" 图片移动复制到 "T7-05.jpg" 文件中，并在【图层】面板中将生成的 "图层 2" 调整至 "图层 1" 的下方，画面效果如图 7-36 所示。

(10) 单击 [◻] 按钮为 "图层 2" 添加图层蒙版，选择 [✐] 工具并设置合适的笔头大小，然后在图层蒙版上根据人物的轮廓描绘黑色，将背景中的人物通过蒙版显示出来，描绘后的【图层】面板形态及画面效果如图 7-37 所示。

图7-36 画面效果　　　　　　　　　图7-37 【图层】面板形态及画面效果

(11) 将"图层 1"设置为工作层，然后单击 ▣ 按钮为其添加图层蒙版，并利用 ✎ 工具在图层蒙版上根据人物的轮廓描绘黑色，同样也是将背景中的人物通过蒙版显示出来（此步可以适当设置【画笔】的【不透明度】参数），描绘后的【图层】面板形态及画面效果如图 7-38 所示。

图7-38 描绘图层蒙版后的【图层】面板形态及画面效果

(12) 按 Shift+Ctrl+S 组合键，将此文件另命名为"抠选婚纱.psd"保存。

　　本实例主要是利用通道和路径的结合使用将背景中的婚纱抠选出来。在实际选取图像操作中，读者要注意灵活运用多种工具的结合使用。

 知识链接

1. 通道的概念

通道是保存不同颜色信息的灰度图像，可以存储图像中的颜色数据、蒙版或选区。每一幅图像都有一个或多个通道，通过编辑通道中存储的各种信息可以对图像进行编辑。

在通道中，白色代替图像的透明区域，表示要处理的部分，可以直接添加选区；黑色表示不需处理的部分，不能直接添加选区。

2. 通道类型

根据通道存储的内容不同，可以分为复合通道、单色通道、专色通道和 Alpha 通道，如图 7-39 所示。

图7-39 通道类型说明图

要点提示

Photoshop CS3 中的图像都有一个或多个通道，图像中默认的颜色通道数取决于其颜色模式。每个颜色通道都存放图像颜色元素信息，图像中的色彩是通过叠加每一个颜色通道而获得的。在四色印刷中，青、品、黄、黑印版就相当于 CMYK 颜色模式图像中的 C、M、Y、K4 个通道。

- 复合通道：不同模式的图像通道的数量是不一样，默认情况下，位图、灰度和索引模式的图像只有一个通道，RGB 和 Lab 模式的图像有 3 个通道，CMYK 模式的图像有 4 个通道。在如图 7-39 所示的【通道】面板的最上面一个通道（复合通道）代表每个通道叠加后的图像颜色，下面的通道是拆分后的单色通道。

- 单色通道：在【通道】面板中，单色通道都显示为灰色，它通过 0～256 级亮度的灰度表示颜色。在通道中很难控制图像的颜色效果，所以一般不采取直接修改颜色通道的方法改变图像的颜色。

- 专色通道：在处理颜色种类较多的图像时，为了让自己的印刷作品与众不同，往往要做一些特殊通道的处理。除了系统默认的颜色通道外，还可以创建专色通道，例如增加印刷品的荧光油墨或夜光油墨，套版印制无色系（如烫金、烫银）等，这些特殊颜色的油墨一般称为"专色"，这些专色都无法用三原色油墨混合而成，这时就要用到专色通道与专色印刷了。

- Alpha 通道：单击【通道】面板底部的 ⊔ 按钮，即可创建一个 Alpha 通道。Alpha 通道是为保存选区而专门设计的通道，其作用主要是用来保存图像中的选区和蒙版。在生成一个图像文件时，并不一定产生 Alpha 通道，通常它是在图像处理过程中为了制作特殊的选区或蒙版而人为生成的，并从中提取选区信息。因此在输出制版时，Alpha 通道会因为与最终生成的图像无关而被删除。但也有时要保留 Alpha 通道，例如在三维软件最终渲染输出作品时，会附带生成一张 Alpha 通道，用以在平面处理软件中作后期合成。

3. 【通道】面板

执行【窗口】/【通道】命令，即可在工作区中显示【通道】面板。利用【通道】面板可以对通道进行如下操作。

- 【指示通道可视性】图标 ◉：此图标与【图层】面板中的 ◉ 图标是相同的，多次单击可以使通道在显示或隐藏间切换。当【通道】面板中某一单色通道被隐藏后，复合通道会自动隐藏；当选择或显示复合通道后，所有的单色通道也会自动显示。

- 通道缩览图：👁图标右侧为通道缩览图，主要作用是显示通道的颜色信息。
- 通道名称：通道缩览图的右侧为通道名称，它能使用户快速识别各种通道，通道名称的右侧为切换该通道的快捷键。
- 【将通道作为选区载入】按钮 ◯：单击此按钮或按住 Ctrl 键单击某通道，可以将该通道中颜色较淡的区载入为选区。
- 【将选区存储为通道】按钮 ▢：当图像中有选区时，单击此按钮，可以将图像中的选区存储为 Alpha 通道。
- 【创建新通道】按钮 ▣：可以创建一个新的通道。
- 【删除当前通道】按钮 🗑：可以将当前选择或编辑的通道删除。

4. 创建新通道

新建的通道主要有两种，分别为 Alpha 通道和专色通道。

- Alpha 通道的创建：在【通道】菜单中选择【新建通道】命令或按住 Alt 键单击【通道】面板底部的 ▣ 按钮，在弹出的【新建通道】对话框中设置相应的参数选项后，单击 确定 按钮，即可创建新的 Alpha 通道。
- 专色通道的创建：在【通道】菜单中执行【新建专色通道】命令或按住 Ctrl 键单击【通道】面板底部的 ▣ 按钮，在弹出的【新建专色通道】对话框中设置相应的参数选项后，单击 确定 按钮，便可在【通道】面板中创建新的专色通道。

5. 通道的复制和删除

在【通道】面板中，除了利用 ▣ 按钮新建和 🗑 按钮删除通道外，还可以利用以下几种方法对通道进行复制或删除操作。

- 复制通道：在【通道】面板中，将要复制的通道设置为当前通道，然后在【通道】菜单中执行【复制通道】命令，或在此通道上单击鼠标右键，在弹出的快捷菜单中执行【复制通道】命令，系统会弹出【复制通道】对话框，在对话框中设置相应的参数选项后，单击 确定 按钮，即可完成通道的复制。
- 删除通道：在【通道】面板中，将要删除的通道设置为当前通道，然后在【通道】菜单中执行【删除通道】命令，或在此通道上单击鼠标右键，在弹出的快捷菜单中执行【删除通道】命令，即可完成通道的删除。

7.2 蒙版的应用

蒙版是将不同灰度色值转化为不同的透明度，并作用到它所在的图层中，使图层不同部位透明度产生相应的变化。黑色为完全透明，白色为完全不透明。蒙版还具有保护和隐藏图像的功能，当对图像的某一部分进行特殊处理时，利用蒙版可以隔离并保护其余的图像部分不被修改和破坏。蒙版概念示意图如图 7-40 所示。

根据创建方式不同，蒙版可分为两种类型，图层蒙版和矢量蒙版。图层蒙版是位图图像，与分辨率相关，它是由绘图或选框工具创建的；矢量蒙版与分辨率无关，是由【钢笔】工具或形状工具创建的。

在【图层】面板中，图层蒙版和矢量蒙版都显示图层缩览图和附加缩览图。对于图层蒙版，此缩览图代表添加图层蒙版时创建的灰度通道；对于矢量蒙版，此缩览图代表从图层内容中剪下来的路径。图层蒙版和矢量蒙版说明图如图 7-41 所示。

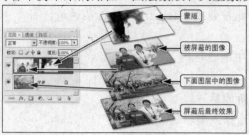

图7-40 蒙版概念示意图

图7-41 图层蒙版和矢量蒙版说明图

7.2.1 利用蒙版制作房地产广告

【例7-4】 房地产广告的制作。

利用蒙版制作出图 7-42 所示的房地产广告。

图7-42 房地产广告

操作步骤

(1) 新建一个【宽度】为"18 厘米"，【高度】为"12.5 厘米"，【分辨率】为"180 像素/英寸"，【颜色模式】为"RGB 颜色"，【背景内容】为"白色"的文件。

(2) 打开素材文件中名为"T7-07.jpg"的文件，然后将其移动复制到新建文件中，并调整至图 7-43 所示的大小及位置。

(3) 单击 按钮，为生成的"图层 1"添加图层蒙版，然后将前景色设置为黑色。

(4) 选取 工具，并选择"前景到透明"的渐变选项，确认属性栏中的 按钮处于激活状态，在画面中自下向上拖曳鼠标光标，为图层蒙版填充渐变色，生成的画面效果及面板形态如图 7-44 所示。

图7-43　图像调整后的大小及位置

图7-44　编辑图层蒙版后的效果及面板

(5)　打开素材文件中名为"T7-08.jpg"的文件，然后利用 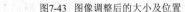工具将白色背景选取，如图 7-45 所示。

(6)　按 Shift+Ctrl+I 组合键，将选区反选，然后利用 工具将选区内的图像移动复制到新建文件中，并调整至如图 7-46 所示的大小及位置。

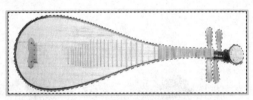

图7-45　选择的白色背景

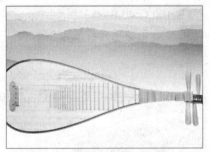

图7-46　图像调整后的大小及位置

(7)　打开素材文件中名为"T7-09.jpg"的文件，然后利用 工具将其移动复制到新建文件中，并为其添加图层蒙版，如图 7-47 所示。

(8)　按住 Ctrl 键单击"图层 2"加载琵琶图形的选区，然后选取 工具，设置合适的笔头大小后沿选区的边缘描绘黑色，使琵琶图形的边缘显示出来，效果如图 7-48 所示。

图7-47　图像放置的位置

图7-48　编辑图层蒙版后的效果

(9)　按 Shift+Ctrl+I 组合键将选区反选，然后在选区内填充灰色（R:90,G:90,B:95），此时的画面效果如图 7-49 所示。

(10)　按 Ctrl+D 组合键去除选区，然后利用 工具在画面的上下边缘处描绘黑色，使蒙版中的画面与其下面的图像更好地融合，效果如图 7-50 所示。

图7-49 编辑蒙版后的画面效果

图7-50 编辑蒙版后的画面效果

(11) 打开素材文件中名为 "T7-10.psd" 的海鸥图片，然后利用 工具将其移动复制到新建文件中，并调整至合适的大小及位置。

(12) 用移动复制及缩放操作依次将 "海鸥" 在画面中复制两个，如图 7-51 所示。

图像合成完后，下面来绘制图形并输入相关的广告宣传文字内容。

(13) 新建 "图层 5"，然后利用 工具在画面的右上方绘制出图 7-52 所示的暗红色（R:100,G:40,B:60）圆形。

(14) 用移动复制操作将圆形依次向下移动复制，去除选区后的效果如图 7-53 所示。

图7-51 画面中的海鸥

图7-52 绘制的圆形

图7-53 复制出的图形

(15) 利用 工具在画面的下方绘制暗红色（R:100,G:40,B:60）矩形，然后利用 T 工具在画面的左上方输入图 7-54 所示的黑色文字。

(16) 执行【图层】/【图层样式】/【外发光】命令，在弹出的【图层样式】对话框中设置各选项参数如图 7-55 所示。

图7-54 输入的文字

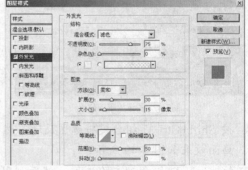

图7-55 【图层样式】对话框参数设置

(17) 单击 确定 按钮，然后利用 T 和 T 工具在画面中依次输入其他的相关文字，完成房地产广告的设计，最终效果如图 7-56 所示。

图7-56 输入的其他文字

(18) 按 Ctrl+S 组合键，将此文件命名为"房地产广告.psd"保存。

 　　通过本例房地产广告设计，主要介绍了利用蒙版屏蔽图像局部位置的功能，此种方法的屏蔽功能在以后的图像合成工作中将会经常使用，希望读者能够在理解蒙版特性的基础上将其灵活掌握。

7.2.2　制作焦点蒙版效果

【例7-5】　利用蒙版制作如图 7-57 所示的效果。

(1)　打开素材文件中名为"T7-11.jpg"的图片文件，如图 7-58 所示。

图7-57　制作的焦点蒙版效果

图7-58　打开的图片

(2)　在【图层】面板中，将"背景"层复制为"背景 副本"层，并将"背景"层设置为当前层，然后单击"背景 副本"层左侧的 按钮将其隐藏，此时【图层】面板的形态如图 7-59 所示。

(3)　执行【滤镜】/【模糊】/【径向模糊】命令，在弹出的【径向模糊】对话框中设置参数如图 7-60 所示。

图7-59　【图层】面板

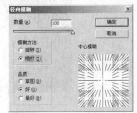

图7-60　【径向模糊】对话框

(4)　单击　　确定　　按钮，画面效果如图 7-61 所示。

(5) 单击"背景 副本"层左侧的 ▣ 按钮将其显示，并设置为当前层，然后单击【图层】面板底部的 ▣ 按钮添加图层蒙版，【图层】面板形态如图 7-62 所示。

图7-61 径向模糊画面效果

图7-62 【图层】面板

(6) 将前景色设置为黑色，按 Alt + Delete 组合键为"背景 副本"层中的蒙版填充黑色。

(7) 将前景色设置为白色，选取 ✎ 工具，设置合适的笔头大小后在画面中喷绘编辑蒙版，出现的效果及【图层】面板形态如图 7-63 所示。

图7-63 编辑蒙版后的画面效果及【图层】面板

(8) 按 Shift + Ctrl + S 组合键，将此文件另命名为"焦点蒙版效果.psd"保存。

 案例小结 　本例主要利用【径向模糊】命令制作了发射效果，然后通过蒙版屏蔽画面中心位置的图像得到了一种画面中心是清晰的图像，而周围是发射的效果。通过本案例的制作，读者应掌握图层与蒙版的结合使用。

7.2.3 制作面部皮肤美容效果

【例7-6】 面部皮肤美容效果的制作。

很多杂志封面中的电影明星照片，皮肤非常细腻光滑，其中大部分都进行了后期的皮肤处理。本案例结合快速蒙版编辑模式的使用，制作出图 7-64 所示的面部皮肤美容效果。

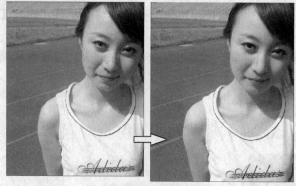
图7-64 修饰完成的皮肤效果

(1) 打开素材文件中名为"T7-12.jpg"的照片文件。

(2) 单击工具箱下边的 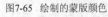 按钮，将图像设置为快速蒙版编辑模式，选择 工具，在人物面部轮廓处绘制图 7-65 所示的蒙版颜色。

(3) 选择 工具，将鼠标光标移动到人物的面部上单击，填充蒙版颜色，效果如图 7-66 所示。

(4) 单击 按钮，将图像蒙版编辑模式转换为标准模式，在画面中没有被屏蔽的区域出现图 7-67 所示的选区。

图7-65 绘制的蒙版颜色

图7-66 填充的蒙版颜色

图7-67 出现的选区

(5) 按 Shift + Ctrl + I 组合键，将选区反选，然后按 Ctrl + J 组合键，将选区中的面部图像复制生成 "图层 1"。

(6) 执行【滤镜】/【模糊】/【高斯模糊】命令，弹出【高斯模糊】对话框，参数设置如图 7-68 所示。

(7) 单击 确定 按钮，执行【高斯模糊】命令后的画面效果如图 7-69 所示。

图7-68 【高斯模糊】对话框参数设置

图7-69 模糊后的画面效果

(8) 单击图层面板下面的 按钮，给 "图层 1" 添加蒙版。

(9) 选择 工具，利用黑色在眼睛位置编辑蒙版，使眼睛显示出背景层中清晰的效果，如图 7-70 所示。

(10) 继续在面部的眼睛、眉毛、鼻子、嘴、下巴、手以及衣领等部位编辑蒙版，显示出清晰的效果。在【图层】面板中将【不透明度】参数设置为 "80%"，使其再透出一点原有皮肤的质感，效果如图 7-71 所示。

图7-70 显示的眼睛清晰效果

图7-71 编辑蒙版后的效果

(11) 按 Shift + Ctrl + S 组合键，将此文件另命名为"面部美容.psd"保存。

　　本案例主要介绍了利用快速蒙版编辑模式创建特殊的选区，然后利用【高斯模糊】命令得到模糊的皮肤效果，最后通过蒙版以及图层的结合，使背景层中特定位置的图像通过蒙版显示出来，希望读者在理解的基础上将其熟练掌握。

 知识链接

1. 创建图层蒙版

在【图层】面板中选择要添加图层蒙版的图层或图层组，然后执行下列任一操作。

- 在【图层】面板中单击 ◙ 按钮或执行【图层】/【图层蒙版】/【显示全部】命令，即可创建出显示整个图层的蒙版。如当前图像文件中有选区，可以创建出显示选区内图像的蒙版。
- 按住 Alt 键单击【图层】面板中的 ◙ 按钮或执行【图层】/【图层蒙版】/【隐藏全部】命令，即可创建出隐藏整个图层的蒙版。如当前图像文件中有选区，可以创建出隐藏选区内图像的蒙版。

在【图层】面板中单击蒙版缩览图，使之成为当前状态。然后在工具箱中选择任一绘图工具，执行下列操作之一可以编辑图层蒙版。

- 在蒙版图像中绘制黑色，可增加蒙版被屏蔽的区域，并显示更多的图像。
- 在蒙版图像中绘制白色，可减少蒙版被屏蔽的区域，并显示更少的图像。
- 在蒙版图像中绘制灰色，可创建半透明效果的屏蔽区域。

2. 创建矢量蒙版

矢量蒙版可在图层上创建锐边形状的图像，若需要添加边缘清晰分明的图像可以使用矢量蒙版。在【图层】面板中选择要添加矢量蒙版的图层或图层组，然后执行下列任一操作即可创建矢量蒙版。

- 执行【图层】/【矢量蒙版】/【显示全部】命令，可创建显示整个图层中图像的矢量蒙版。
- 执行【图层】/【矢量蒙版】/【隐藏全部】命令，可创建隐藏整个图层中图像的矢量蒙版。
- 当图像文件中有路径存在且处于显示状态时，执行【图层】/【矢量蒙版】/【当前路径】命令，可创建显示形状内容的矢量蒙版。

在【图层】或【路径】面板中单击矢量蒙版缩览图，将其设置为当前状态，然后利用【钢笔】工具或【路径编辑】工具更改路径的形状，即可编辑矢量蒙版，如图 7-72 所示。

图7-72　编辑矢量蒙版状态及效果

在【图层】面板中选择要编辑的矢量蒙版层，然后执行【图层】/【栅格化】/【矢量蒙版】命令，可将矢量蒙版转换为图层蒙版。

3. 停用或启用蒙版

添加蒙版后，执行【图层】/【图层蒙版】/【停用】或【图层】/【矢量蒙版】/【停用】命令，可将蒙版停用，此时【图层】面板中蒙版缩览图上会出现一个红色的交叉符号，且图像文件中会显示不带蒙版效果的图层内容。

完成图层蒙版的创建后，既可以应用蒙版使其更改永久化，也可以扔掉蒙版而不应用更改。

- 执行【图层】/【图层蒙版】/【应用】命令或单击【图层】面板下方的 ![] 按钮，在弹出的询问面板中单击 应用 按钮，即可在当前层中应用图层蒙版。
- 执行【图层】/【图层蒙版】/【删除】命令或单击【图层】面板下方的 ![] 按钮，在弹出的询问面板中单击 删除 按钮，即可在当前层中取消图层蒙版。

4. 删除矢量蒙版

- 将矢量蒙版缩览图拖曳到【图层】面板下方的 ![] 按钮上。
- 选择矢量蒙版，执行【图层】/【矢量蒙版】/【删除】命令。
- 在【图层】面板中，当矢量蒙版层为工作层时，按 Delete 键，可直接将该图层删除。

5. 取消图层与蒙版的链接

默认情况下，图层和蒙版处于链接状态，当使用【移动】工具移动图层或蒙版时，该图层及其蒙版会在图像文件中一起移动，取消它们的链接后可以进行单独移动。

- 执行【图层】/【图层蒙版】/【取消链接】或【图层】/【矢量蒙版】/【取消链接】命令，即可将图层与蒙版之间取消链接。
- 在【图层】面板中单击图层缩览图与蒙版缩览图之间的图标 ，链接图标消失，表明图层与蒙版之间已取消链接；当在此处再次单击鼠标左键，链接图标出现时，表明图层与蒙版之间又重建链接。

6. 选择图层上的不透明区域

通过载入图层，可以快速选择图层上的所有不透明区域；通过载入蒙版，可以将蒙版的边界作为选区载入。按住 Ctrl 键单击【图层】面板中的图层或蒙版缩览图，即可在图像文件中载入以所有不透明区域形成的选区或以蒙版为边界的选区。如果当前图像文件中有选区，按住 Ctrl+Shift 组合键，单击【图层】面板中的图层或蒙版缩览图，可向现有的选区中添加要载入的选区，以生成新的选区。按住 Ctrl+Alt 组合键，单击【图层】面板中的图层或蒙版缩览图，可在现有的选区中减去要载入的选区，以生成新的选区。按住 Ctrl+Alt+Shift 组合键，单击【图层】面板中的图层或蒙版缩览图，可将现有的选区与要载入的选区相交，生成新的选区。

小结

本章详细介绍了通道和蒙版的相关知识。利用通道可以存储图像中的颜色数据，并可以快速地选取图像中的复杂图像或保存选区，以制作特殊的图像效果；利用蒙版则可以保护被屏蔽的图像使其不被编辑或破坏。通过本章的命令介绍与实例制作，希望读者在理论的指导下认真学习这些实例的制作方法，并在实践的过程中将通道与蒙版命令完全掌握。

习题

一、简答题

1. 简述创建通道的方法。

2. 简述创建蒙版的方法。

二、操作题

1. 打开素材文件中名为"T7-13.jpg"和"T7-14.jpg"的图片文件，如图 7-73 所示。用本章介绍的通道选取图像操作，合成如图 7-74 所示的画面效果。

图7-73 打开的图片文件　　　　　　　　　　　　　图7-74 合成效果

2. 打开素材文件中名为"T7-15.jpg"和"T7-16.jpg"的图片文件，如图 7-75 所示。利用本章介绍的选取婚纱操作方法，制作出如图 7-76 所示的婚纱图像合成效果。

图7-75 打开的图片　　　　　　　　　　　　　图7-76 合成效果

3. 在素材文件中依次打开名为"T7-17.jpg"和"T7-18.jpg"、"T7-19.jpg"的图片文件，如图 7-77 所示。用本章介绍的蒙版操作，制作出如图 7-78 所示的图像合成效果。

图7-77 打开的图片　　　　　　　　　　　　　图7-78 合成效果

4. 打开素材文件中名为"T7-20.jpg"和"T7-21.jpg"的图片文件，如图 7-79 所示。用本章介绍的蒙版操作，制作出如图 7-80 所示的图像合成效果。

图7-79 打开的图片　　　　　　　　　　　　　　　图7-80 合成效果

5. 打开素材文件中名为"T7-22.jpg"的图片文件，如图 7-81 所示。利用本章介绍的面部皮肤美容操作方法，制作出如图 7-82 所示的面部皮肤美容效果。

图7-81 打开的图片　　　　　　　　　　　　　图7-82 制作完成的面部皮肤美容效果

本章主要介绍 Photoshop CS3 菜单中的【编辑】命令。在前面几章的实例制作过程中已经介绍和使用了【编辑】菜单下的部分命令，相信读者对一些命令也有了一定的认识。在图像处理过程中，将工具和菜单命令配合使用，可以大大提高工作效率。熟练掌握这些命令也是进行图像特殊艺术效果处理的关键。

- 学会【还原】和【恢复】命令操作。
- 学会【剪切】和【复制】命令操作。
- 学会【填充】和【描边】命令操作。
- 学会【变换】命令操作。
- 学会定义命令操作。

8.1 【还原】命令和【恢复】命令

【还原】与【恢复】命令主要是对图像处理过程中出现的失误进行纠正的命令。

 命令简介

- 【还原】命令：将图像文件恢复到最后一次编辑操作前的状态。
- 【前进一步】命令：在图像中有被撤销的操作时，选择该命令，将向前恢复一步操作。
- 【后退一步】命令：选择该命令将向后撤销一步操作。
- 【渐隐】命令：对上一步图像的编辑操作进行不透明度和模式的调整。

【例8-1】 利用【还原】和【恢复】命令对图像进行恢复操作练习。

 操作步骤

(1) 打开素材文件中名为 "T8-01.jpg" 的图片文件，如图 8-1 所示。
(2) 利用 工具在画面中描绘红、黄两笔颜色，效果如图 8-2 所示。
(3) 执行【编辑】/【还原画笔工具】命令，即可将绘制的第 2 笔颜色黄色在画面中撤销，如图 8-3 所示。

 要点提示　菜单栏中的【编辑】/【还原】命令的快捷键为 Ctrl+Z 组合键，当执行了此命令后，该命令将变为【编辑】/【重做】命令。

图8-1 打开的图片　　　　　　图8-2 描绘的颜色　　　　　　图8-3 撤销最后绘制的颜色

(4) 执行【编辑】/【重做画笔工具】命令，即可将刚撤销的黄色再恢复出来，如图 8-4 所示。

(5) 执行【编辑】/【后退一步】命令，即可将图像文件中已经执行的操作，按照从后向前的顺序后退到文件刚打开时的状态。

要点提示 菜单栏中的【编辑】/【后退一步】命令的快捷键为 Alt+Ctrl+Z 组合键，执行此命令，可以逐步去除前面所做的操作，每执行一次此命令，将向前撤销一步操作。

(6) 执行【编辑】/【渐隐画笔工具】命令，弹出【渐隐】对话框，如图 8-5 所示，调整不同的【不透明度】参数可以根据需要渐隐最后绘制的一笔颜色，效果如图 8-6 所示。

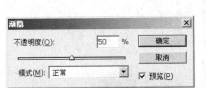

图8-4 恢复出撤销的颜色　　　　图8-5 【渐隐】对话框　　　　图8-6 渐隐后的效果

(7) 执行【文件】/【恢复】命令，可以直接将编辑后的图像文件恢复到刚打开未编辑时的状态。如果在编辑过程中存储过图像文件，则恢复到最近一次存储文件时的状态。

案例小结 在对图像或图形进行操作时，难免会有一些失误，此时可以执行【编辑】/【还原】命令对所做的错误操作进行还原，但此命令只能够对操作撤销或还原一次。还可以利用菜单栏中的【编辑】/【后退一步】命令，对所做的操作进行多步撤销，系统默认的撤销步数为 20 步。也可以通过执行【编辑】/【首选项】/【性能】命令，在弹出的【首选项】对话框中对【历史记录状态】选项进行自定义撤销步数的设置。菜单栏中的【编辑】/【前进一步】命令（或按 Ctrl+Shift+Z 组合键），恰好与【编辑】/【后退一步】命令相反，对操作撤销后又想恢复到撤销前的形态，就可以利用执行【编辑】/【前进一步】命令完成此操作。

8.2 【复制】命令

图像的复制和粘贴主要包括【剪切】、【复制】、【粘贴】和【贴入】等命令，它们在实际工作中使用时要注意配合，如果要复制图像，就必须先将复制的图像通过【剪切】或【拷贝】命令保存到剪贴板上，然后再通过【粘贴】或【贴入】命令将剪贴板上的图像粘贴到指定的位置。

命令简介

- 【剪切】命令：将图像中被选择的区域保存至剪贴板上，并删除原图像中被选择的图像，此命令适用于任何图形图像设计软件。
- 【复制】命令：将图像中被选择的区域保存至剪贴板上，原图像保留，此命令适用于任何图形图像设计软件。
- 【合并复制】命令：此命令主要用于图层文件。将选区中所有图层的内容复制到剪贴板中，在粘贴时，将其合并为一个图层进行粘贴。
- 【粘贴】命令：将剪贴板中的内容作为一个新图层粘贴到当前图像文件中。
- 【贴入】命令：使用此命令时，当前图像文件中必须有选区。将剪贴板中的内容粘贴到当前图像文件中，并将选区设置为图层蒙版。
- 【清除】命令：将选区中的图像删除。

【例8-2】 利用图像的【复制】和【粘贴】等命令，制作如图 8-7 所示的房地产广告。

图8-7 制作的房地产广告效果

操作步骤

(1) 打开素材文件中名为 "T8-02.jpg" 和 "T8-03.jpg" 的图片文件，如图 8-8 所示。

(2) 确认 "T8-03.jpg" 文件处于工作状态，按 Ctrl+A 组合键给画面添加选区，然后按 Ctrl+C 组合键将画面复制。

> **要点提示** 当执行了【编辑】菜单栏中的【剪切】、【复制】或【合并复制】等命令后，剪切和复制的内容将暂时保存在剪贴板中，无论执行多少次【粘贴】命令，都可以将剪贴板中的内容粘贴出来。

(3) 将 "T8-02.jpg" 文件设置为工作状态，按 Ctrl+V 组合键将复制的画面粘贴到当前文件中，然后在【图层】面板中将 "图层 1" 的【混合模式】选项设置为 "滤色"，画面效果如图 8-9 所示。

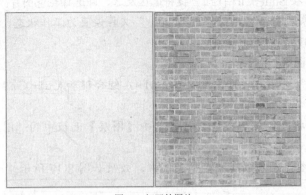

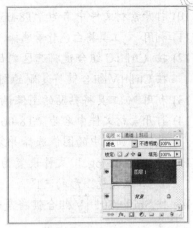

<table>
<tr><td>图8-8　打开的图片</td><td>图8-9　设置混合模式后的效果</td></tr>
</table>

(4) 打开素材文件中名为 "T8-04.jpg " 的图片文件，如图 8-10 所示。

(5) 执行【选择】/【色彩范围】命令，将鼠标光标移动到画面的黑色区域单击拾取要选择的颜色，然后设置【色彩范围】对话框中的参数如图 8-11 所示。

(6) 单击 确定 按钮，生成的选区形态如图 8-12 所示。

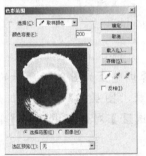

图8-10　打开的图片　　　　图8-11　【色彩范围】对话框参数设置　　　　图8-12　创建的选区

(7) 按 Ctrl+C 组合键将选区内的图像复制，然后将 "T8-02.jpg " 文件设置为工作状态，并按 Ctrl+V 组合键将复制的图像粘贴到当前文件中。

(8) 按 Ctrl+T 组合键为图像添加自由变换框，然后将其调整至如图 8-13 所示的大小及位置，并按 Enter 键确认。

(9) 在【图层】面板中将 "图层 2" 的【混合模式】设置为 "颜色加深"，然后将 "图层 2" 复制为 "图层 2 副本" 层，并将复制图层的【不透明度】设置为 "30%"，此时的画面效果及【图层】面板形态如图 8-14 所示。

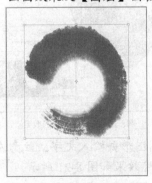

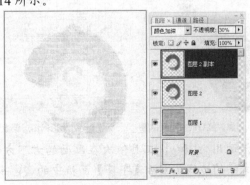

图8-13　图像调整后的大小及位置　　　　图8-14　图像调整后的效果及【图层】面板形态

(10) 打开素材文件中名为"T8-05.jpg"的图片文件，如图8-15所示。

(11) 利用 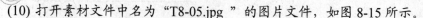 工具将白色背景选择，然后按 Shift + Ctrl + I 组合键将选区反选，即选择琵琶图片。

(12) 按 Ctrl + C 组合键将选区内的图像复制，然后将"T8-02.jpg"文件设置为工作状态，并按 Ctrl + V 组合键将复制的图像粘贴到当前文件中。

(13) 利用 ✛ 工具将粘贴的图像调整至图8-16所示的位置。

(14) 打开素材文件中名为"T8-06.jpg"的图片文件，依次按 Ctrl + A 组合键和 Ctrl + C 组合键，将画面中的图像选择并复制。

(15) 将"T8-02.jpg"文件设置为工作状态，然后按住 Ctrl 键单击【图层】面板中的"图层3"加载琵琶图形的选区。

(16) 按 Shift + Ctrl + V 组合键将复制的图像贴入创建的琵琶选区中，效果如图8-17所示。

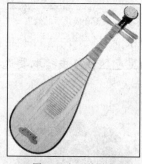
图8-15 打开的图片

图8-16 图片调整后的位置

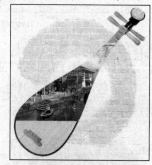
图8-17 图像贴入选区内的效果

(17) 利用【自由变换】命令将图像调整至如图8-18所示的大小及位置。

(18) 用与步骤15相同的方法加载"图层3"的选区，然后执行【选择】/【修改】/【羽化】命令，在弹出的【羽化选区】对话框中，将【羽化半径】值设置为"20"像素，并单击 确定 按钮。

(19) 按 Shift + Ctrl + I 组合键将选区反选，然后单击图8-19所示"图层4"的图层蒙版缩览图，将其设置为工作状态，再依次为选区填充黑色，直至出现图8-20所示的画面效果。

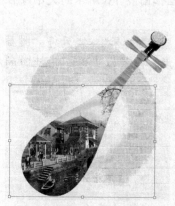
图8-18 图像调整后的大小及位置

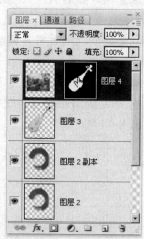
图8-19 单击的图层蒙版缩览图

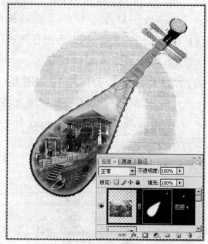
图8-20 编辑蒙版后的效果

(20) 灵活运用 ⬚ 和 T 工具依次在画面的右下方和左上方绘制图形并输入文字。注意左上方文字的边线是激活【字符】面板中的 T 按钮得到的，最终效果如图8-21所示。

图8-21 绘制的图形及输入的文字

(21) 将左上方文字所在的图层复制，然后将复制图层的【字体】修改为"汉仪篆书繁"，并调整至图 8-22 所示的大小及位置。

(22) 将复制文字层的【不透明度】设置为"10%"，然后再次复制并向右调整位置。

(23) 将最后复制的两个图层同时选择，然后调整至"背景"层的上方，完成房地产广告设计，最终效果如图 8-23 所示。

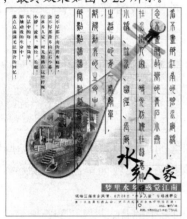

图8-22 复制文字调整后的大小及位置　　　　　　图8-23 完成的房地产广告

(24) 按 Shift+Ctrl+S 组合键，将此文件另命名为"房地产广告.psd"保存。

 案例小结　　通过本例制作，主要介绍了图像的【复制】、【粘贴】及【贴入】等命令的运用，其中【贴入】命令在给图形或文字制作图案效果时是非常重要的一个命令，希望读者要牢牢掌握其使用方法。

 知识链接

1. 【剪切】命令

在 Photoshop 中，剪切图像的方法有两种，菜单命令法和键盘快捷键输入法。

- 使用菜单命令剪切图像的方法：在画面中绘制一个选区，然后执行【编辑】/【剪切】命令，即可将所选择的图像剪切到剪贴板中。

- 使用键盘快捷键的方法：在画面中绘制一个选区，然后按 Ctrl+X 组合键，即可将选区中的图像剪切到剪贴板中。

2. 【复制】命令

【复制】命令与【剪切】命令相似，只是这两种命令复制图像的方法有所不同。【剪切】命令是将所选择的图像在原图像中剪掉后，复制到剪贴板中，原图像中删除选择的图像，原图像被破坏。【复制】命令是在原图像不被破坏的情况下，将选择的图像复制到剪贴板中。

【复制】命令的两种操作方法介绍如下。

- 使用菜单命令复制图像的方法：在画面中绘制一个选区，然后执行【编辑】/【复制】命令，即将选区内的图像复制到剪贴板中。
- 使用键盘快捷键的方法：在画面中绘制一个选区，然后按 Ctrl+C 组合键，即可将选区中的图像复制到剪贴板中。

3. 【粘贴】命令

将选择的图像复制到剪贴板后，就可以将其粘贴到当前的图像文件或其他的文件中了。粘贴文件的方法也有两种，如下所述。

- 使用菜单命令粘贴图像的方法：执行【编辑】/【粘贴】命令，可以将剪贴板中的图像粘贴到所需要的图像文件中。
- 使用键盘快捷键的方法：按 Ctrl+V 组合键，同样可以将剪贴板中的图像粘贴到所需要的文件中。

8.3 【描边】命令

【描边】命令的作用是用前景色沿选区或图层中图像的边缘描绘指定宽度的轮廓线条。该命令是 Photoshop CS3 中经常使用的命令，虽然其使用方法比较简单，但需要熟练掌握，以便在作品设计中灵活运用。

【例8-3】 利用【描边】命令，制作出如图 8-24 所示的艺术照片。

操作步骤

(1) 打开素材文件中名为 "T8-07.jpg" 和 "T8-08.jpg" 的文件，如图 8-25 所示。

图8-24 制作的宝宝艺术照片

图8-25 打开的图片

(2) 将 "T8-08.jpg" 文件设置为工作状态，按 Ctrl+A 组合键给画面添加选区，然后按 Ctrl+C 组合键将画面复制。

(3) 将 "T8-07.jpg" 文件设置为工作状态，选取 工具，并设置属性栏中的【容差】参数为 "10"，在图片中的白色区域单击，添加图 8-26 所示的选区。

(4) 按 Shift+Ctrl+V 组合键，将复制的图片粘贴入选区中，形态如图 8-27 所示。

图8-26　添加的选区　　　　　　　　　　　　　　　图8-27　粘贴入选区中的图片

(5) 按 Ctrl+T 组合键为图片添加自由变换框，然后将图片调整到如图 8-28 所示的大小，按 Enter 键确定图片的大小调整。

(6) 按住 Ctrl 键在【图层】面板中单击图 8-29 所示的图层蒙版缩览图，在画面中添加如图 8-30 所示的选区。

图8-28　调整大小后的图片　　　　图8-29　单击图层蒙版缩览图　　　　图8-30　添加的选区

(7) 新建 "图层 2"，然后将工具箱中的前景色设置为桔黄色（R:255,G:125）。

(8) 执行【编辑】/【描边】命令，在弹出的【描边】对话框中设置参数如图 8-31 所示。单击 确定 按钮，执行【描边】命令后的效果如图 8-32 所示。

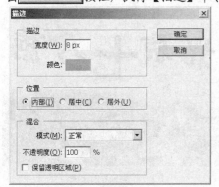

图8-31　【描边】对话框　　　　　　　　　　　　图8-32　描边后的效果

(9) 按 Ctrl+D 组合键去除选区，然后执行【图层】/【图层样式】/【投影】命令，在弹出的【图层样式】对话框中设置参数如图 8-33 所示。

(10) 单击 确定 按钮，桔黄色轮廓线添加投影后的效果如图 8-34 所示。

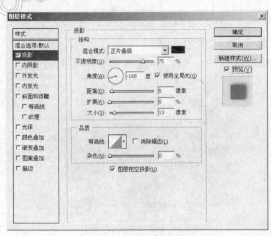

图8-33 【图层样式】对话框　　　　　　　　　　　　　图8-34 添加投影后的效果

(11) 将工具箱中的前景色设置为黑色，然后利用 T 工具输入如图 8-35 所示的文字。

(12) 执行【图层】/【栅格化】/【文字】命令，将文字图层转换为普通图层，然后利用 ⬚ 工具将 "北" 字框选，如图 8-36 所示。

图8-35 输入的文字　　　　　　　　　　　　　　图8-36 框选文字形态

(13) 然后按 Ctrl+T 组合键为其添加自由变换框，并将框选的文字旋转角度后移动到如图 8-37 所示的位置。

(14) 用与步骤 13 相同的调整方法，将其他文字调整至如图 8-38 所示的形态。

图8-37 旋转角度后的文字位置　　　　　　　　　　图8-38 调整后的文字

(15) 复制 "北京七月游" 文字层为 "北京七月游 副本" 层，然后单击前面的 👁 图标将其暂时隐藏。

(16) 单击 "北京七月游" 文字层，使其为工作图层，然后利用【编辑】/【描边】命令为其描绘黑色的边缘，参数设置及描边后的文字效果如图 8-39 所示。

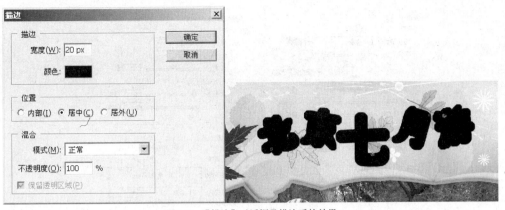

图8-39 【描边】对话框及描边后的效果

(17) 执行【图层】/【图层样式】/【斜面和浮雕】命令，弹出【图层样式】对话框，设置各图层样式的选项和参数如图 8-40 所示。

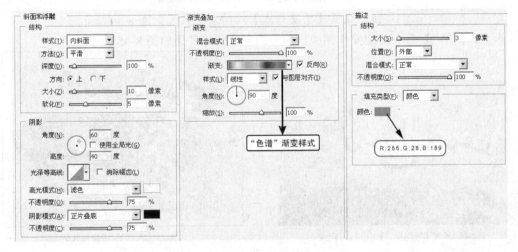

图8-40 各图层样式选项及参数设置

(18) 单击 确定 按钮，设置【图层样式】后的效果如图 8-41 所示。

(19) 单击"北京七月游 副本"层前面的 图标使其在画面中显示，然后设置为工作层，并单击左上角的 图标设置【锁定透明像素】状态，最后将文字填充白色，效果如图 8-42 所示。

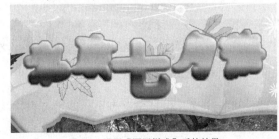

图8-41 设置【图层样式】后的效果

图8-42 文字填充白色效果

(20) 执行【图层】/【图层样式】/【投影】命令，弹出【图层样式】对话框，然后分别设置【投影】和【斜面和浮雕】选项及参数如图 8-43 所示。

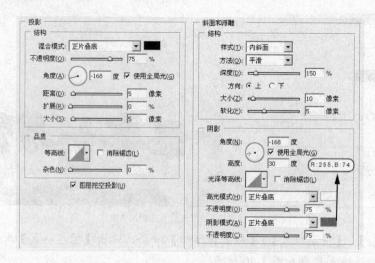

图8-43　【图层样式】对话框中的选项及参数设置

(21) 单击 [确定] 按钮，设置【图层样式】后的文字效果如图 8-44 所示。

至此，【描边】命令实例操作完成，制作的艺术照片效果如图 8-45 所示。

图8-44　设置【图层样式】后的文字效果

图8-45　制作的艺术照片效果

(22) 按 [Shift]+[Ctrl]+[S] 组合键，将此文件另命名为"描边练习.psd"保存。

案例
小结　　　本案例通过艺术照片的制作，主要介绍了【描边】命令的使用方法。通过此例介绍，希望读者能够将此命令灵活掌握。

8.4 定义和【填充】命令

在 Photoshop CS3 中，可以将选定的图像或路径进行定义，包括定义画笔、图案及自定形状等，以便在实际的工作过程中频繁使用。

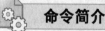 命令简介

- 【填充】命令：将选定的内容按指定模式填入图像的选区内或直接将其填入图层内。

- 【定义画笔预设】命令：将选定的图案定义为新的画笔笔尖。
- 【定义图案】命令：将选区内的图像定义为图案以供填充、图案图章等操作使用。定义图案时，有两个必要的条件，一是选区必须是矩形选区，二是选区的【羽化】值必须为 "0"。
- 【定义自定形状】命令：可以通过建立路径自行定义矢量图形。

【例8-4】 利用【定义图案】和【填充】命令，制作出如图 8-46 所示的图案效果。

图8-46 制作的图案效果

操作步骤

(1) 新建一个【高度】为 "1.5 厘米"，【宽度】为 "1.5 厘米"，【分辨率】为 "72 像素/英寸"，【颜色模式】为 "RGB 颜色"，【背景内容】为 "白色" 的文件。

(2) 选择 工具，并单击属性栏中【形状】图标 ，在弹出的【自定形状】面板中单击右上角的 按钮。

(3) 在弹出的下拉菜单中选择【全部】命令，然后在弹出如图 8-47 所示的询问面板中单击 确定 按钮，用【全部】的形状图形替换【自定形状】面板中的形状图形。

(4) 拖动【自定形状】面板右侧的滑块，然后选择如图 8-48 所示的形状图形。

图8-47 询问面板

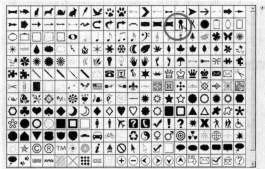

图8-48 选择的形状图形

(5) 激活属性栏中的 按钮，再将鼠标光标移动到画面中绘制出如图 8-49 所示的丝带路径。

(6) 将路径转换为选区，然后选取 工具，单击属性栏中 的颜色条部分，在弹出的【渐变编辑器】窗口中设置渐变颜色如图 8-50 所示。

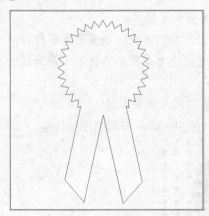

图8-49 绘制的路径

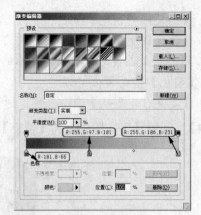

图8-50 【渐变编辑器】窗口

(7) 单击 确定 按钮，为选区填充如图 8-51 所示的线性渐变色。

(8) 执行【编辑】/【定义图案】命令，在弹出图 8-52 所示的【图案名称】对话框中设置图案名称后单击 确定 按钮，将新建文件中的内容定义为图案。

图8-51 填充渐变色

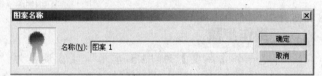

图8-52 【图案名称】对话框

(9) 再新建一个【高度】为"20 厘米"，【宽度】为"20 厘米"，【分辨率】为"90 像素/英寸"，【颜色模式】为"RGB 颜色"，【背景内容】为"白色"的文件。

(10) 执行【编辑】/【填充】命令，弹出图 8-53 所示的【填充】对话框。

(11) 单击【使用】选项右侧的倒三角按钮，在弹出的下拉菜单中选择【图案】。然后单击【自定图案】选项右侧的倒三角按钮，在弹出的【图案】选项面板中选择图 8-54 所示的自定义图案。

(12) 单击 确定 按钮，填充图案后的画面效果如图 8-55 所示。

图8-53 【填充】对话框

图8-54 【图案】面板

图8-55 填充图案后的效果

(13) 选取 工具，然后在【自定形状】面板中选择"心形"图形，再激活属性栏中的 按钮。

(14) 新建"图层 1"，然后绘制出图 8-56 所示的心形。

(15) 将前景色设置为红色（R:255），背景色设置为暗红色（R:140），然后单击【图层】面板左上角的 按钮，锁定"图层 1"中的透明像素，再利用 工具为绘制的心形图形填充线性渐变色，效果如图 8-57 所示。

(16) 新建"图层 2"，然后利用 □ 工具绘制如图 8-58 所示的矩形。

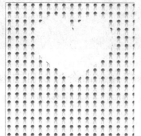

图8-56 绘制出的五角星图形

图8-57 填充渐变色后效果

图8-58 绘制的矩形

(17) 单击【图层】面板中的 □ 按钮，锁定"图层 2"的透明像素，然后利用 □ 工具为其填充如图 8-59 所示的线性渐变色，效果如图 8-60 所示。

(18) 在【图层】面板中，设置"图层 2"的 不透明度：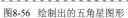 参数为"50%"，然后利用 T 工具在矩形上输入如图 8-61 所示的黑色英文字母。

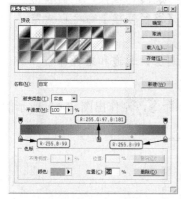

图8-59 【渐变编辑器】窗口

图8-60 填充的渐变色

图8-61 输入的黑色英文字母

(19) 按住 Ctrl 键单击【图层】面板中的文字图层为文字添加选区，然后将文字图层删除，删除文字图层后的选区形态如图 8-62 所示。

(20) 新建"图层 3"，然后执行【编辑】/【描边】命令，参数设置如图 8-63 所示。

(21) 单击 确定 按钮，执行【描边】命令后的文字效果如图 8-64 所示。

图8-62 删除文字后的形态

图8-63 【描边】对话框

图8-64 执行【描边】后的效果

(22) 按 Ctrl+S 组合键，将当前文件命名为"图像定义练习.psd"保存。

案例小结　本案例介绍了【定义图案】及【填充】命令的使用，并利用这两个命令绘制了一个具有填充底纹效果的心形图形。通过此例的学习，希望读者能够掌握编辑命令的综合运用。

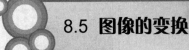

8.5 图像的变换

图像的【变换】命令在实际的工作过程中经常被用到，熟练掌握此命令可以自由地进行图像的各种变形操作。在第 2 章中已经介绍了图像的变形命令，其相关操作参见 2.3.4 节内容。

命令简介

- 【自由变换】命令：在自由变换状态下，用于以手动方式将当前图层的图像或选区做任意缩放、旋转等自由变形操作。这一命令在使用路径时，会变为【自由变换路径】命令，以对路径进行自由变换。
- 【变换】命令：用于分别对当前图像或选区进行缩放、旋转、拉伸、扭曲和透视等单项变形操作。这一命令在使用路径时，会变为【路径变换】命令以对路径进行单项变形。
- 【旋转画布】命令：用于调整图像版面的角度，所有图层、通道和路径都会一起旋转。

【例8-5】 利用图像的大小调整命令、旋转复制以及重复复制命令，制作出图 8-65 所示的旋转效果。

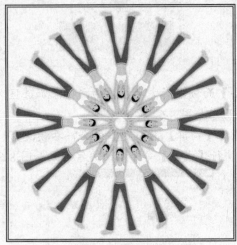

图8-65 制作的旋转效果

操作步骤

(1) 新建一个【高度】为 "14 厘米"，【宽度】为 "14 厘米"，【分辨率】为 "150 像素/英寸"，【颜色模式】为 "RGB 颜色"，【背景内容】为 "白色" 的文件。

(2) 执行【视图】/【新建参考线】命令，弹出【新建参考线】对话框，选项及参数设置如图 8-66 所示，然后单击 确定 按钮。

(3) 用与步骤 2 相同的方法，在水平方向 "7 厘米" 处添加参考线，单击 确定 按钮，画面中添加的参考线如图 8-67 所示。

(4) 打开素材文件中名为 "T8-09.psd" 的图片文件，如图 8-68 所示。

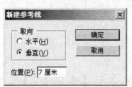

图8-66 【新建参考线】对话框

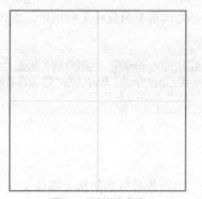

图8-67 添加的参考线

图8-68 打开的图片

(5) 利用 工具将人物图片移动复制到新建的文件中，然后执行【编辑】/【变换】/【缩放】命令为图片添加自由变换框，并设置属性栏中 W: 45.0% H: 45% 的参数都为"45%"。

(6) 将缩小后的人物调整至图 8-69 所示的位置，然后按 Enter 键确认。

(7) 按住 Ctrl 键单击"图层 1"的缩览图加载选区，然后执行【编辑】/【变换】/【旋转】命令，并将旋转中心调整至如图 8-70 所示两条参考线的交点位置。

(8) 在属性栏中设置 △ 30 度的参数为"30"，旋转后的图形形态如图 8-71 所示。

图8-69 图形调整后的位置

图8-70 旋转中心调整后的位置

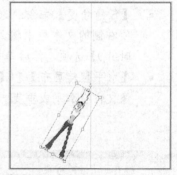

图8-71 图形旋转后的形态

(9) 按 Enter 键确认图形的旋转，然后按住 Shift+Ctrl+Alt 组合键，连续按 11 次 T 键，重复复制出图 8-72 所示的图形。

(10) 按 Ctrl+D 组合键去除选区，然后利用执行【图层】/【图层样式】/【投影】命令为图形添加投影效果，参数设置如图 8-73 所示。

图8-72 旋转复制出的图形

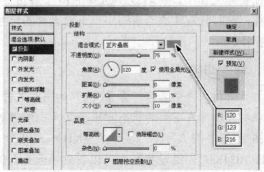

图8-73 【图层样式】对话框参数设置

(11) 单击 ▢确定 按钮，完成图形的旋转复制操作，然后按 Ctrl+S 组合键将此文件命
名为"旋转复制.psd"保存。

 案例小结 通过本例旋转图形的制作练习，主要介绍了图像的大小调整、图像的旋转以及旋转复
制等操作的基本使用方法。介绍了本例之后，希望读者能够对图像的变换命令有更加深入
的认识和理解。

 知识链接

利用【旋转画布】命令，可以旋转或翻转整个图像文件。此命令与【编辑】/【变换】
命令相似，只是【变换】命令是相对于当前图层或选区中的图像进行的操作，而【旋转画
布】命令是相对于整个图像文件进行的操作。执行

【图像】/【旋转画布】命令，弹出图 8-74 所示的子
菜单。

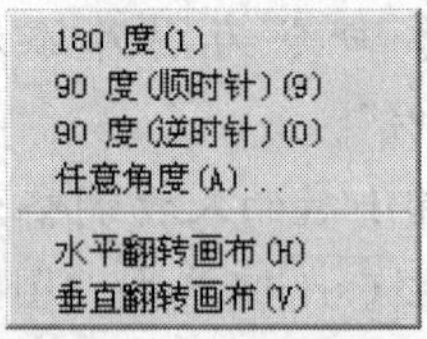

> 180 度(1)
> 90 度(顺时针)(9)
> 90 度(逆时针)(0)
> 任意角度(A)...
>
> 水平翻转画布(H)
> 垂直翻转画布(V)

- 【180 度】、【90 度（顺时针）】和【90 度
  （逆时针）】命令：选择相应的命令，可以将
  整个图像文件旋转 180°、顺时针旋转 90°
  或逆时针旋转 90° 等。

图8-74 【图像】/【旋转画布】子菜单

- 【任意角度】命令：选择此命令，将弹出【旋转画布】对话框。在【角度】选
  项右侧的文本框中输入需要旋转的角度，再选择【度（顺时针）】或【度（逆
  时针）】选项，然后单击 ▢确定 按钮，即可按照指定的角度旋转画布。
- 【水平翻转画布】和【垂直翻转画布】命令：选择相应的命令，可以将整个图
  像文件在水平或垂直方向上翻转。

 8.6 重新设置图像尺寸

【例8-6】 设置图像尺寸的操作。

在实际工作中，有时候所选择的图像素材尺寸比较大，而最终输出时并不需要这么大
的图像，这时就需要适当地缩小一下原素材的尺寸。下面通过一个实例介绍如何改变图像尺
寸的操作。

 操作步骤

(1) 打开素材文件中名为"雪景.jpg"的图片文件，如图 8-75 所示。
(2) 在打开图像左下角的状态栏中会显示出图像的大小，如图 8-76 所示。

图像文件的大小以千字节（KB）和兆字节（MB）为单位，它们之间的换算为
"1MB=1024KB"。通过状态栏可以看到当前打开的图像大小为 16.8MB，如果是一般小尺寸
照片的输出，此图就太大了，所以需要重新设置一下尺寸。

图8-75 打开的图片文件

图8-76 状态栏中的文件大小显示

(3) 执行【图像】/【图像大小】命令，弹出【图像大小】对话框，如图 8-77 所示。

如果需要保持当前图像的像素宽度和高度比例，就需要勾选【约束比例】复选框。这样在更改像素的【宽度】和【高度】参数时，将按照比例同时进行改变，如图 8-78 所示。

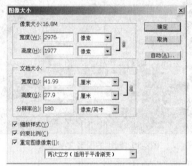

图8-77 【图像大小】对话框

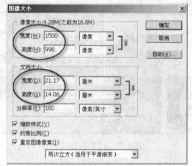

图8-78 修改图像尺寸后的大小显示

修改【宽度】和【高度】参数后，从【图像大小】对话框中【像素大小】后面可以看到修改后的图像大小为"4.28M"，括号内的"16.8M"表示图像的原始大小。

在改变图像文件的大小时，如图像由大变小，其印刷质量不会降低；如图像由小变大，其印刷品质将会下降。

(4) 单击 确定 按钮，即可完成图像尺寸大小的改变。

案例小结

掌握好【图像大小】命令，可以有效地帮助读者正确设置图像文件的尺寸，只有设置正确的文件尺寸，才能够使处理和绘制的图像作品得以正确的应用。如设置文件尺寸过小，作品绘制完成后印刷输出，其最终效果就会出现模糊、清晰度不够的现象。相反，如果设置的文件尺寸过大，而实际印刷又不需要太大，这样就会影响在图像处理过程中计算机的运算速度。所以，掌握好图像大小的设置对于一个设计者是非常必要的。

小结

本章主要介绍了 Photoshop CS3 中常用的图像编辑命令，包括图像的【还原】和【恢复】、【复制】和【粘贴】、【填充】和【描边】、图像的变换、【定义图案】以及重新设置图像尺寸大小等命令。其中，图像的【复制】和【粘贴】命令及图像的变换操作命令是本章的重点，也是在实际工作中最基本、最常用的命令，希望读者能够认真学习，并能做到灵活运用。

习题

一、简答题

1. 简述【剪切】命令与【复制】命令的不同之处。
2. 简述图像的变换操作。

二、操作题

1. 在素材文件中打开名为"T8-10.jpg"和"T8-11.jpg"的图片文件，如图 8-79 所示。用本章介绍的图像【复制】、【粘贴】和【描边】等命令，制作出图 8-80 所示的图案字效果。

图8-79 打开的图片

图8-80 制作的图案文字效果

2. 用本章 8.2 节介绍的命令操作，制作出图 8-81 所示的房地产广告。

图8-81 制作的房地产广告

第9章 图像颜色的调整

本章介绍菜单栏中的【图像】/【调整】命令，【调整】菜单下的命令主要是对图像或图像某一部分的颜色、亮度、饱和度及对比度等进行调整，使用这些命令可以使图像产生多种色彩上的变化。另外，在对图像的颜色进行调整时要注意选区的添加与运用。

学习目标

- 掌握几种常用的颜色调整命令，来调整不同情况和要求的照片颜色。
- 学会人像皮肤颜色的调整方法。
- 学会人物皮肤的美白处理技巧。
- 学会照片负片效果的调整方法。

9.1 图像颜色的调整命令

执行【图像】/【调整】命令，系统将弹出图 9-1 所示的【调整】子菜单。

命令简介

- 【色阶】命令：可以调节图像各个通道的明暗对比度，从而改变图像。
- 【自动色阶】命令：将自动设置图像的暗调和高光区域，并将每个颜色通道中最暗和最亮像素分别设置为黑色和白色，再按比例重新分布中间调的像素值，从而自动调整图像的色阶。
- 【自动对比度】命令：可以自动调整图像的对比度，使图像达到均衡。
- 【自动颜色】命令：可以自动调整图像的色彩平衡，使图像的色彩达到均衡效果。
- 【曲线】命令：利用调整曲线的形态来改变图像各个通道的明暗数量，从而改变图像的色调。
- 【色彩平衡】命令：通过调整各种颜色的混合量来调整图像的整体色彩。如果在【色彩平衡】对话框中勾选【保持亮度】复选框，对图像进行调整时，可以保持图像的亮度不变。

色阶(L)...	Ctrl+L
自动色阶(A)	Shift+Ctrl+L
自动对比度(U)	Alt+Shift+Ctrl+L
自动颜色(O)	Shift+Ctrl+B
曲线(V)...	Ctrl+M
色彩平衡(B)...	Ctrl+B
亮度/对比度(C)...	
黑白(K)...	Alt+Shift+Ctrl+B
色相/饱和度(H)...	Ctrl+U
去色(D)	Shift+Ctrl+U
匹配颜色(M)...	
替换颜色(R)...	
可选颜色(S)...	
通道混合器(X)...	
渐变映射(G)...	
照片滤镜(F)...	
阴影/高光(W)...	
曝光度(E)...	
反相(I)	Ctrl+I
色调均化(Q)	
阈值(T)...	
色调分离(P)...	
变化...	

图9-1 【图像】/【调整】子菜单

- 【亮度/对比度】命令：通过设置不同的数值及调整滑块的不同位置，来改变图像的亮度及对比度。
- 【黑白】命令：可以快速将彩色图像转换为黑白图像或单色图像，同时保持对各颜色的控制。
- 【色相/饱和度】命令：可以调整图像的色相、饱和度和亮度，它既可以作用于整个画面，也可以对指定的颜色单独调整，还可以为图像染色。
- 【去色】命令：可以将原图像中的颜色去除，使图像以灰色的形式显示。
- 【匹配颜色】命令：可以将一个图像（原图像）的颜色与另一个图像（目标图像）相匹配。使用此命令，还可以通过更改亮度和色彩范围以及中和色调调整图像中的颜色。
- 【替换颜色】命令：可以用设置的颜色样本来替换图像中指定的颜色范围，其工作原理是先用【色彩范围】命令选取要替换的颜色范围，再用【色相/饱和度】命令调整选取图像的色彩。
- 【可选颜色】命令：可以调整图像的某一种颜色，从而影响图像的整体色彩。
- 【通道混合器】命令：可以通过混合指定的颜色通道来改变某一颜色通道的颜色，进而影响图像的整体效果。
- 【渐变映射】命令：可以将选定的渐变色映射到图像中以取代原来的颜色。
- 【照片滤镜】命令：此命令可以模仿在相机镜头前面加彩色滤镜，以便调整通过镜头传输的光的色彩平衡和色温，使图像产生不同颜色的滤色效果。
- 【阴影/高光】命令：可以校正由强逆光而形成剪影的照片或者校正由于太接近相机闪光灯而有些发白的焦点。
- 【曝光度】命令：可以在线性空间中调整图像的曝光数量、位移和灰度系数，进而改变当前颜色空间中图像的亮度和明度。
- 【反相】命令：可以将图像中的颜色以及亮度全部反转，生成图像的反相效果。
- 【色调均化】命令：可以将通道中最亮和最暗的像素定义为白色和黑色，然后按照比例重新分配到画面中，使图像中的明暗分布更加均匀。
- 【阈值】命令：通过调整滑块的位置可以调整【阈值色阶】值，从而将灰度图像或彩色图像转换为高对比度的黑白图像。
- 【色调分离】命令：可以自行指定图像中每个通道的色调级数目，然后将这些像素映射在最接近的匹配色调上。
- 【变化】命令：可以调整图像或选区的色彩、对比度、亮度和饱和度等。

9.2 利用【色阶】命令调整曝光过度或不足的照片

在测光不准的情况下，很容易使所拍摄的照片出现曝光过度或曝光不足的情况，本节将介绍利用执行【图像】/【调整】/【色阶】命令，对曝光过度和曝光不足的照片进行修复调整。

【例9-1】 利用【色阶】命令调整曝光过度的照片。

 操作步骤

(1) 打开素材文件中名为"人物 01.jpg"的照片文件。

这张照片由于曝光度过高，整个画面偏亮，缺少中间灰度级丰富的影调层次，下面利用【色阶】命令对其进行修复调整。

(2) 执行【图像】/【调整】/【色阶】命令，弹出【色阶】对话框，在【通道】选项中选择"红"通道，将【输入色阶】参数设置为"83"，增加画面暗部的红色层次，此时照片的显示效果如图 9-2 所示。

图9-2 调整"红"通道后的照片显示效果

(3) 选择"绿"通道，将【输入色阶】参数设置为"60"，增加画面暗部的绿色层次，此时照片显示效果如图 9-3 所示。

图9-3 调整"绿"通道后的照片显示效果

(4) 选择"蓝"通道，将【输入色阶】参数设置为"66"，增加画面暗部的蓝色层次，此时照片显示效果如图 9-4 所示。

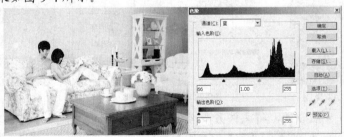

图9-4 调整后的照片显示效果

(5) 单击 确定 按钮完成照片的调整，然后按 Shift+Ctrl+S 组合键，将调整后的照片命名为"调整曝光过度的照片.jpg"保存。

【例9-2】 利用【色阶】命令调整曝光不足的照片。

 操作步骤

(1) 打开素材文件中名为"儿童.jpg"的照片文件，如图 9-5 所示。

(2) 执行【图像】/【调整】/【色阶】命令，在弹出如图 9-6 所示的【色阶】对话框中单击【设置白场】按钮 ，然后将鼠标光标移到人物的肩部位置较亮的颜色点处单击选择参考色，如图 9-7 所示。

图9-5 打开的图片

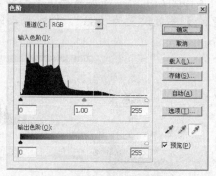
图9-6 【色阶】对话框

图9-7 选择参考色

(3) 单击鼠标左键拾取参考色后的显示效果如图 9-8 所示。

(4) 在【色阶】对话框中将【输入色阶】的参数分别设置为 "10"、"1.48" 和 "230"，如图 9-9 所示。

(5) 单击 确定 按钮，即可完成照片的处理，最终效果如图 9-10 所示。

图9-8 拾色后的显示效果

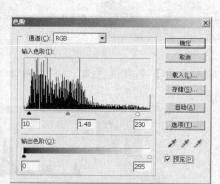
图9-9 【色阶】对话框

图9-10 调整后的图像效果

(6) 按 Shift + Ctrl + S 组合键，将文件另命名为 "曝光不足调整.jpg" 保存。

案例小结

利用【图像】/【调整】/【色阶】命令，可以调整图像各个通道的明暗，从而改变图像的明暗对比程度。对于高亮度的图像，按住鼠标左键将【色阶】对话框中的左侧滑块向右拖曳，同时【输入色阶】选项左边文本框中的数值变大，可以使原图像中的暗色调范围增大，从而使图像变暗；对于暗色调的图像，按住鼠标左键将右侧滑块向左拖曳，同时【输入色阶】选项右边文本框中的数值变大，可以使原图像中的亮色调范围增大，从而使图像变亮；在【色阶】对话框中按住鼠标左键将中间滑块向左拖曳，同时【输入色阶】选项中间文本框中的数值变大，可以使原图像中的中间色调区域增大，从而减小图像的对比度；按住鼠标左键将中间滑块向右拖曳，同时【输入色阶】选项中间文本框中的数值变小，可以使原图像中的中间色调区域变小，从而增大图像的对比度。

9.3 利用【色相/饱和度】命令调整靓丽的照片

【例9-3】 【色相/饱和度】命令的操作。

由于拍摄照片时的天气、光线等原因，可能会使所拍摄的照片颜色偏灰，本节介绍利用【图像】/【调整】/【色相/饱和度】命令，将颜色偏灰的照片调整为靓丽的照片效果。

 **操作步骤**

(1) 打开素材文件中名为"花树.jpg"的照片文件，如图 9-11 所示。

图9-11 打开的图片

(2) 执行【图像】/【调整】/【色相/饱和度】命令，弹出【色相/饱和度】对话框，将【饱和度】参数增大，如图 9-12 所示。

(3) 单击 确定 按钮，此时的照片将变得比较靓丽鲜艳，如图 9-13 所示。

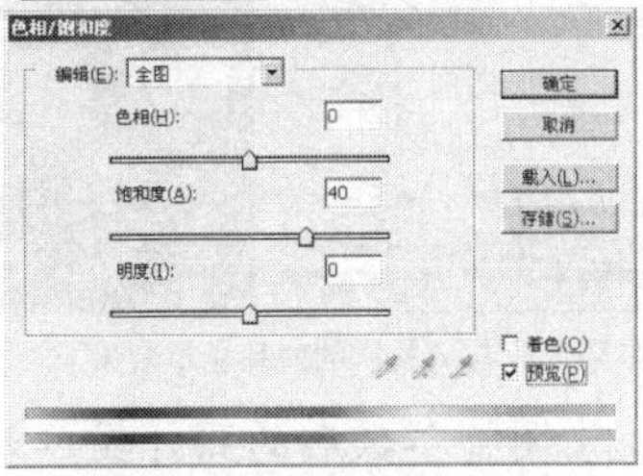

图9-12 【色相/饱和度】对话框

图9-13 调整后的效果

(4) 按 Shift+Ctrl+S 组合键，将调整后的照片命名为"色相饱和度调整.jpg"保存。

(5) 利用【色相/饱和度】命令，还可以将照片调整成黑白效果或单色效果。

(6) 按 Ctrl+U 组合键，弹出【色相/饱和度】对话框，将【饱和度】参数调节到"–100"时画面将变为黑白效果，如图 9-14 所示。

(7) 在【色相/饱和度】对话框中勾选【着色】复选框，然后将【色相】的值设置为"300"，可以将照片调整成单色效果，如图 9-15 所示。

图9-14 降低饱和度后的黑白效果

图9-15 调整出的单色效果

【色相/饱和度】命令是在图像色彩调整中使用最为广泛的命令，本例通过介绍此命令的基本使用方法，学习了如何把颜色偏灰的照片调整为靓丽的效果，希望读者能将其方法掌握。

9.4 利用【色相/饱和度】命令调整不同的季节效果

【例9-4】 调整不同季节的效果。

利用【色相/饱和度】命令还可以将照片调整出不同季节的颜色效果，下面介绍其调整方法。

 操作步骤

(1) 打开素材文件中名为"人物 02.jpg"的文件，如图 9-16 所示。

(2) 按 Ctrl+U 组合键，弹出【色相/饱和度】对话框，设置【编辑】选项为"黄色"，其他参数设置与调整参数后的照片显示效果如图 9-17 所示。

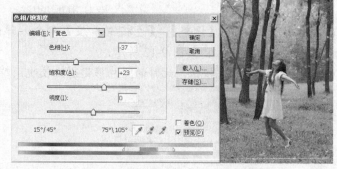

图9-16 打开的图片　　　　　　　　　　图9-17 参数设置与调整后的照片显示效果

(3) 将【编辑】选项设置为"绿色"，然后设置其他参数及调整参数后的照片显示效果如图 9-18 所示。

(4) 将【编辑】选项设置为"青色"，然后将【色相】的值设置为"–180"；再将【编辑】选项设置为"红色"，将【色相】的值设置为"25"，此时一幅夏天效果的照片即调整成了深秋的效果，如图 9-19 所示。

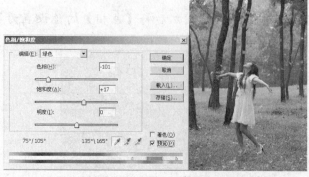

图9-18 参数设置与调整参数后的照片显示效果　　　　　图9-19 调整后的效果

(5) 单击 ▢确定▢ 按钮，然后按 ⎡Shift⎤+⎡Ctrl⎤+⎡S⎤ 组合键将文件另命名为"不同季节调整.jpg"保存。

案例小结　　本例主要通过【色相/饱和度】命令对话框中【编辑】选项的单色设置来进行图像颜色的调整，使用此操作可以根据画面的色调需要来精确地调整图像颜色。

9.5 利用【曲线】命令矫正人像皮肤颜色

【例9-5】 【曲线】命令的应用。

标准人像照片的背景一般都相对简单，拍摄时调焦较为准确，用光讲究，曝光充足，皮肤、服饰都会得到真实的质感表现。在夜晚或者光源不理想的环境下拍摄的照片，往往会出现人物肤色偏色或不真实的情况。下面介绍肤色偏色后的矫正方法，使照片中的人物肤色更加真实。

 操作步骤

(1) 打开素材文件中名为"人物03.jpg"的照片文件。

(2) 执行【图像】/【调整】/【曲线】命令，弹出【曲线】对话框，将鼠标光标移动到对话框中的斜线上单击添加一个控制点，然后将控制点调整至如图 9-20 所示的位置，将画面的整体色调调亮，如图 9-21 所示。

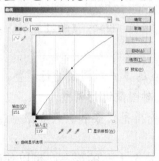

图9-20 曲线调整的状态

图9-21 调亮后的效果

(3) 在【通道】选项窗口中选择"红"通道，然后调整曲线的形态如图 9-22 所示。

(4) 在【通道】选项窗口中选择"蓝"通道，然后调整曲线的形态如图 9-23 所示。

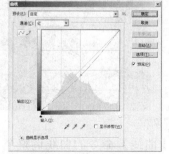

图9-22 曲线调整的形态

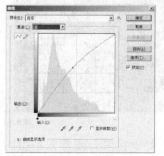

图9-23 曲线调整的形态

(5) 至此，人物皮肤颜色矫正完成，单击 确定 按钮。原人物与调整后的人物皮肤效果对比如图 9-24 所示。

图9-24 人物皮肤调整前后的对比效果

(6) 按 Shift+Ctrl+S 组合键，将调整后的照片另命名为"曲线矫正皮肤颜色.jpg"保存。

知识链接

执行【图像】/【调整】/【曲线】命令，可以调整图像各个通道的明暗程度，从而更加精确地改变图像的颜色，【曲线】对话框如图 9-25 所示。

- 【曲线】对话框中的水平轴（即输入色阶）代表图像色彩原来的亮度值。

- 垂直轴（即输出色阶）代表图像调整后的颜色值。对于 RGB 颜色模式的图像，曲线显示 0～255 的强度值，暗调(0)位于左边；对于 CMYK 颜色模式的图像，曲线显示 0～100 的百分数，高光(0)位于左边。

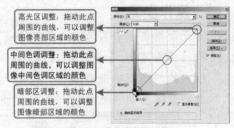

图9-25 【曲线】对话框

- ～按钮：激活此按钮，可以通过在曲线上添加点的方式对图像进行调整。

- ✐按钮：激活此按钮，可以通过绘制直线的方式对图像进行调整。

- 平滑(M) 按钮：单击此按钮，可以使图像的颜色变得平缓柔和。只有激活 ✐ 按钮时，此按钮才可用。

(1) 对于因曝光不足而色调偏暗的照片，将曲线调整至上凸的形态，可以使照片图像中的各色调区按比例加亮，从而使图像变亮，如图 9-26 所示。

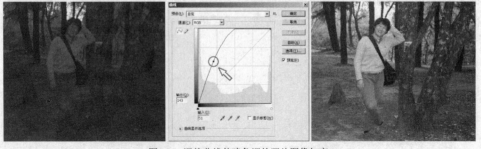

图9-26 调整曲线使暗色调的照片图像加亮

(2) 对于在阴天或雾天拍摄的色调偏灰的照片将【曲线】命令的曲线调整至"S"形态，可以使照片的高光区加亮，阴影区变暗，从而增加照片的对比度，如图 9-27 所示。

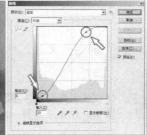

图9-27 调整曲线使偏灰色调的照片对比度增强

(3) 对于因曝光过度而色调高亮的照片，将曲线调整至向下凹的形态，可以使照片的各色调区按比例减暗，从而使照片的色调变得更加饱和，如图 9-28 所示。

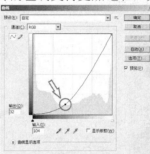

图9-28 调整曲线使亮色调的照片增加饱和度

 当调整不同模式的图像时，其调整方法也不同，以上情况主要是对 RGB 模式的图像进行调整。如果对 CMYK 模式的图像进行调整，正好与 RGB 模式相反，即向上调整曲线是将图像变暗，向下调整曲线是将图像变亮。

9.6 利用【色阶】和【计算】命令美白皮肤

【例9-6】 【色阶】命令和【计算】命令的综合利用。

综合利用【图像】/【调整】/【色阶】命令和【图像】/【计算】命令对人物的皮肤进行美白，调整前后的照片对比效果如图 9-29 所示。

图9-29 皮肤美白前后的对比效果

操作步骤

(1) 打开素材文件中名为"人物 04.jpg"的图片文件，然后按 Ctrl+J 组合键将背景层复制为"图层 1"。

 在对图像进行调整之前，建议读者都将图像复制再编辑，这样在调整时，我们就可以放心地去设置，而不必担心图像调坏后无法恢复，希望读者在实际工作过程中能养成这样一个好习惯。

(2) 按 Ctrl+L 组合键将【色阶】对话框调出，然后激活对话框中的 ✏ 按钮，并将鼠标光标移动到人物的右侧耳朵位置单击拾取画面的最亮点，鼠标单击的位置如图 9-30 所示，生成的画面效果如图 9-31 所示。

图9-30 鼠标光标单击的位置

图9-31 生成的画面效果

(3) 在【色阶】对话框中设置其他参数如图 9-32 所示，然后单击 确定 按钮，调整后的画面效果如图 9-33 所示。

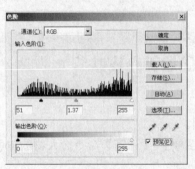

图9-32 【色阶】对话框

图9-33 调整后的画面效果

(4) 执行【图像】/【计算】命令，在弹出的【计算】对话框中将【混合】选项设置为"滤色"，选项设置及画面效果如图 9-34 所示。

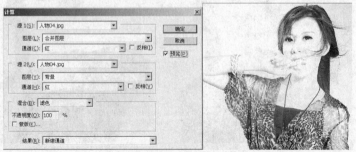

图9-34 选项设置及画面效果

利用【计算】命令计算出的图像为新建的通道效果，其目的是将其与画面合成让皮肤变白。下面将计算出的通道转换为新的图层。

(5) 依次按 Ctrl+A 组合键和 Ctrl+C 组合键，将计算出的图像全部选择并复制，然后新建"图层 2"，并按 Ctrl+V 组合键将复制的图像粘贴至"图层 2"中。

(6) 将"图层 2"的图层混合模式设置为"明度"，【不透明度】设置为"20%"，生成的画面效果如图 9-35 所示。

此时皮肤的美白效果基本完成，下面来对皮肤进行磨皮处理使其更光滑。

(7) 利用 🔎 工具，绘制出如图 9-36 所示的选区。

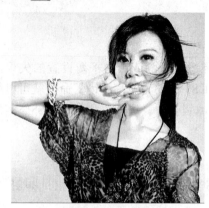
图9-35 生成的画面效果

图9-36 绘制的选区

(8) 按 Alt+Ctrl+D 组合键弹出【羽化选区】对话框，将【羽化半径】的参数设置为"20 像素"，然后单击 确定 按钮将选区羽化处理。

(9) 将"图层 1"设置为工作层，并按 Ctrl+J 组合键将选区内的图像通过复制生成"图层 3"。

(10) 然后执行【滤镜】/【杂色】/【中间值】命令，在弹出的【中间值】对话框中设置参数如图 9-37 所示。

(11) 单击 确定 按钮，执行【中间值】命令后的效果如图 9-38 所示。

(12) 单击 🔲 按钮为"图层 3"添加图层蒙版，然后利用 🖌 工具在人物的五官及皮肤的边缘位置描绘黑色，使其显示出清晰的效果，编辑蒙版后的效果如图 9-39 所示。

图9-37 【中间值】对话框

图9-38 执行【中间值】命令后的效果

图9-39 编辑蒙版后的效果

(13) 至此，皮肤美白效果制作完成，按 Shift+Ctrl+S 组合键将此文件另命名为"美白皮肤效果.psd"保存。

本节介绍了利用【色阶】命令和【计算】命令对人物皮肤进行美白的处理。通过调整【色阶】对话框中的白场，从而使图像中的白达到平衡。另外，调整图层的【混合模式】和【不透明度】选项可使图像更好地融合，以达到预期的效果，希望读者能将其掌握。

9.7 利用【照片滤镜】命令调整照片的色温

【例9-7】 【照片滤镜】命令的应用。

在利用数码相机拍摄照片时，由于对当时拍摄环境的预测或黑白平衡设置的失误，可能会使所拍摄出的照片出现偏色现象，而 Photoshop CS3 中的【照片滤镜】命令就可以简单而有效地进行照片色温的补偿。本节介绍利用【照片滤镜】命令进行照片的色温补偿实例。

操作步骤

(1) 打开素材文件中名为"人物05.jpg"的照片文件，如图 9-40 所示。
(2) 执行【图像】/【调整】/【照片滤镜】命令，弹出【照片滤镜】对话框，如图 9-41 所示。

图9-40 打开的图片

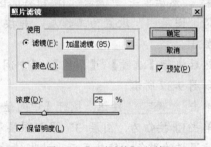
图9-41 【照片滤镜】对话框

(3) 在【滤镜】下拉列表中选择【冷却滤镜（82）】选项，如图 9-42 所示。单击 确定 按钮，此时画面色温将发生变化，如图 9-43 所示。

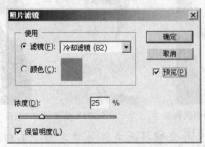
图9-42 【照片滤镜】对话框

图9-43 画面色温变化效果

216

(4) 按 $\boxed{Shift}+\boxed{Ctrl}+\boxed{S}$ 组合键，将调整后的照片另命名为"色温补偿.jpg"保存。

9.8 利用【应用图像】和【色阶】命令制作负片效果

【例9-8】 制作负片效果。

综合利用【图像】/【应用图像】命令和【图像】/【调整】/【色阶】命令制作照片的负片效果，制作前后的对比效果如图 9-44 所示。

图9-44 制作负片前后的对比效果

操作步骤

(1) 打开素材文件中名为"人物06.jpg"的图片文件。

(2) 在【通道】面板中将"蓝"通道设置为工作状态，然后执行【图像】/【应用图像】命令，在弹出的【应用图像】对话框中设置选项及参数如图 9-45 所示。

(3) 单击 确定 按钮，执行【应用图像】命令后的画面效果如图 9-46 所示。

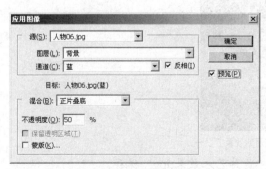

图9-45 【应用图像】对话框

图9-46 执行【应用图像】命令后的效果

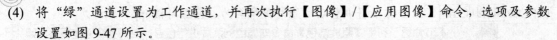

(4) 将"绿"通道设置为工作通道，并再次执行【图像】/【应用图像】命令，选项及参数设置如图 9-47 所示。

(5) 单击 确定 按钮，执行【应用图像】命令后的画面效果如图 9-48 所示。

(6) 在【通道】面板中单击"RGB"通道，转换到 RGB 颜色模式，此时的画面效果如图 9-49 所示。

图9-47 【应用图像】对话框　　　　　图9-48 画面效果　　　　图9-49 RGB 模式效果

(7) 按 Ctrl+L 组合键将【色阶】对话框调出，然后依次调整"红"、"绿"、"蓝"通道的【输入色阶】值如图 9-50 所示。

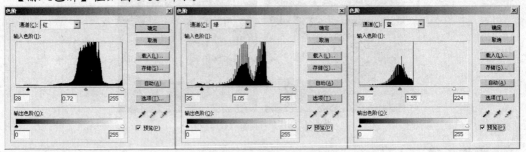

图9-50 【色阶】对话框

(8) 单击 确定 按钮，调整后的图像效果如图 9-51 所示。

图9-51 调整后的效果

(9) 按 Shift+Ctrl+S 组合键，将文件另命名为"负片艺术效果.jpg"保存。

案例小结　本节介绍了利用【应用图像】命令和【色阶】命令制作照片的负片艺术效果。【应用图像】命令可以将两个具有相同尺寸的图像的图层或通道混合，从而创建特殊的图像合成效果。

9.9　利用【变化】命令调整单色照片

【例9-9】　【变化】命令的调整。

　　利用【变化】命令并通过单击图像缩览图的显示色彩，可以调整图像的色彩平衡、对比度和饱和度。此命令用于不需要精确调整平均色调的图像，该命令不能用于索引颜色模式图像的调整。

 操作步骤

(1)　打开素材文件中名为"老照片.jpg"的照片文件，如图 9-52 所示。

图9-52　打开的照片

(2)　执行【图像】/【调整】/【变化】命令，弹出【变化】对话框，首先在【加深青色】选项上单击，然后单击【加深黄色】选项，最后在【加深红色】选项上单击两次，此时的对话框形态如图 9-53 所示。

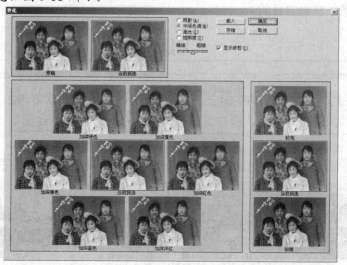

图9-53　【变化】对话框

要点提示　　对话框顶部的两个缩览图用于显示图像原始颜色效果和当前选择调整内容后的颜色效果。第一次打开该对话框时，这两个图像是一样的，随着颜色的不断调整，当前挑选缩览图将随之更改，反映上一次使用此命令时所做的调整。

(3) 单击[确定]按钮，即可将黑白照片调整成单色照片，效果如图 9-54 所示。

图9-54　调整后的照片

(4) 按 Shift+Ctrl+S 组合键将调整后的照片另命名为"单色效果调整.jpg"保存。

案例小结　　本节介绍了利用【变化】命令对 RGB 模式的黑白照片进行单色效果的上色调整，通过本案例希望读者能够掌握此命令。

　　　　　小结　　

　　本章主要介绍了图像的色彩调整命令。在实际工作过程中这些命令是经常运用的，特别是在图像的处理过程中，必须灵活运用这些命令才能调整出预期的图像颜色效果。另外，在使用这些命令时，有对话框的命令一般都是较常用的命令，因为可以在对话框中精确调整各选项或参数，便于灵活控制图像的色彩效果。读者在练习时要多做一些图像颜色调整的实例，以达到将其熟练掌握的目的。

　　　　　习题

1.　打开素材文件中名为"T9-04.jpg"的图片文件，根据本章第 9.2 节实例内容的介绍，将曝光不足的照片进行调整，照片原图与调整后的效果如图 9-55 所示。

图9-55　照片原图与调整后的效果

2. 打开素材文件中名为"T9-05.jpg"的图片文件，根据本章第 9.2 小节实例内容的介绍，将曝光过度的照片进行调整，照片原图与调整后的效果如图 9-56 所示。

图9-56 照片原图与调整后的效果

3. 打开素材文件中名为"T9-06.jpg"的图片文件，利用【阴影/高光】命令对曝光不足的照片进行调整，调整前后的效果如图 9-57 所示。

图9-57 打开的图片及调整后的效果

4. 打开素材文件中名为"T9-07.jpg"的图片文件，根据本章学过的【调整】命令将照片调整成彩色效果，原图及调整后的效果如图 9-58 所示。

图9-58 照片原图与上色后的效果

第10章 滤镜的应用

滤镜是 Photoshop 中最精彩的内容，应用滤镜可以制作出多种不同的图像艺术效果以及各种类型的艺术效果字。Photoshop CS3 的【滤镜】菜单中共有 100 多种滤镜命令，每个命令都可以单独使图像产生不同的效果。读者也可以利用滤镜库为图像应用多种滤镜效果。

滤镜命令的使用方法非常简单，只要在相应的图像上执行相应的滤镜命令，然后在弹出的对话框中设置不同的选项和参数就可直接出现效果。限于篇幅，本章只列举几种在实际应用中常见的效果来介绍常用滤镜命令的使用方法，希望能够起到抛砖引玉的作用。同时，也希望通过本章的学习，读者能够熟练运用多种常用的滤镜命令，以便在将来的实际工作中灵活运用。

学习目标
- 熟悉各【滤镜】命令的功能。
- 学会利用【滤镜】菜单命令中几种常用命令制作特殊艺术效果的方法。

10.1 【滤镜】命令菜单

执行菜单栏中的【滤镜】命令，弹出的菜单如图 10-1 所示。

 命令简介

- 【上次滤镜操作】命令：使图像重复上一次所使用的滤镜。
- 【转换为智能滤镜】命令：可将当前对象转换为智能对象，且在使用滤镜时原图像不会被破坏。智能滤镜作为图层效果存储在【图层】面板中，并可以随时重新调整这些滤镜的参数。
- 【抽出】命令：根据图像的色彩区域，可以有效地将图像在背景中提取出来。
- 【滤镜库】命令：可以累积应用滤镜，并多次应用单个滤镜。还可以重新排列滤镜并更改已应用每个滤镜的设置等，以便实现所需的效果。
- 【液化】命令：使用此命令，可以使图像产生各种各样的图像扭曲效果。

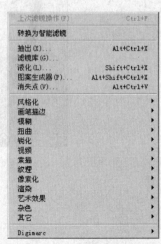

图10-1 【滤镜】菜单

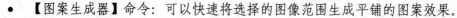

- 【图案生成器】命令：可以快速将选择的图像范围生成平铺的图案效果。
- 【消失点】命令：可以在打开的【消失点】对话框中通过绘制的透视线框来仿制、绘制和粘贴与选定图像周围区域相类似的元素进行自动匹配。
- 【风格化】命令：可以使图像产生各种印象派及其他风格的画面效果。
- 【画笔描边】命令：在图像中增加颗粒、杂色或纹理，从而使图像产生多样的艺术画笔绘画效果。
- 【模糊】命令：可以使图像产生模糊效果。
- 【扭曲】命令：可以使图像产生多种样式的扭曲变形效果。
- 【锐化】命令：将图像中相邻像素点之间的对比增加，使图像更加清晰化。
- 【视频】命令：该命令是 Photoshop 的外部接口命令，用于从摄像机输入图像或将图像输出到录像带上。
- 【素描】命令：可以使用前景色和背景色置换图像中的色彩，从而生成一种精确的图像艺术效果。
- 【纹理】命令：可以使图像产生多种多样的特殊纹理及材质效果。
- 【像素化】命令：可以使图像产生分块，呈现出由单元格组成的效果。
- 【渲染】命令：使用此命令，可以改变图像的光感效果。例如，可以模拟在图像场景中放置不同的灯光，产生不同的光源效果和夜景效果等。
- 【艺术效果】命令：可以使 RGB 模式的图像产生不同风格的艺术效果。
- 【杂色】命令：可以使图像按照一定的方式混合入杂点，制作着色像素图案的纹理。
- 【其它】命令：使用此命令，可以设定和创建自己需要的特殊效果滤镜。
- 【Digimarc】（作品保护）命令：将自己的作品加上标记，对作品进行保护。

 ## 10.2 制作倒影效果

【例10-1】为建筑物制作如图 10-2 所示的倒影效果。

图10-2 制作的倒影效果

操作步骤

(1) 打开素材文件中名为"建筑.jpg"和"湖水.jpg"的图片，如图 10-3 所示。

图10-3 打开的图片

(2) 确认"建筑.jpg"文件处于工作状态，在背景层上双击鼠标，在弹出的【新建图层】对话框中单击 确定 按钮，将背景层转换为普通层。

(3) 利用 工具在画面下方创建如图 10-4 所示的选区，将画面中的"道路"选取，然后按 Delete 键删除，再按 Ctrl+D 组合键去除选区。

(4) 执行【图像】/【画布大小】命令，在弹出的【画布大小】对话框中设置参数如图 10-5 所示。

图10-4 创建的选区

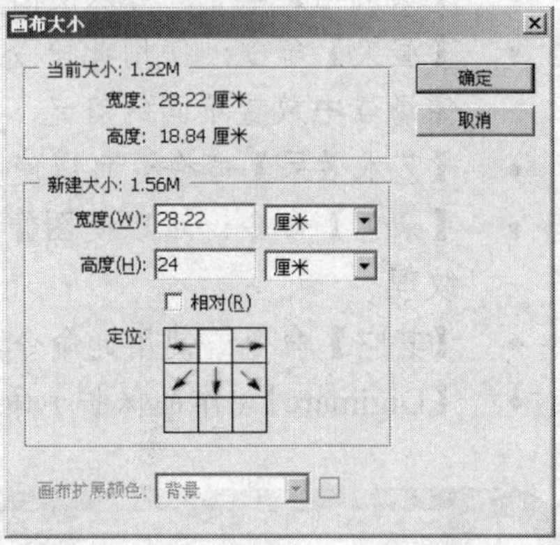

图10-5 【画布大小】对话框参数设置

(5) 单击 确定 按钮，画布增高后的效果如图 10-6 所示。

(6) 将"图层 0"复制为"图层 0 副本"，然后将"图层 0"设置为工作层，执行【编辑】/【变换】/【垂直翻转】命令，将图像垂直翻转，再利用【自由变换】命令将其调整至图 10-7 所示的形态。

图10-6 增大画布后的效果

图10-7 复制图像调整后的效果

(7) 按 Enter 键确认图像的调整，然后依次执行【滤镜】/【模糊】/【高斯模糊】命令和【滤镜】/【扭曲】/【波纹】命令，参数设置及生成的效果如图 10-8 所示。

图10-8 参数设置及生成的画面效果

(8) 将"湖水.jpg"的图片移动复制到"建筑.jpg"文件中,并调整至如图 10-9 所示的大小及位置,然后在【图层】面板中将生成的"图层 1"调整至"图层 0"的下方。

(9) 将"图层 0"设置为工作层,然后单击 ▣ 按钮为其添加图层蒙版,并利用 ▣ 工具为蒙版填充由黑色到透明的渐变色编辑蒙版,编辑后的画面效果及图层蒙版缩览图如图 10-10 所示。

图10-9 图像调整后的位置

图10-10 编辑蒙版后的效果

(10) 将"图层 0 副本"层设置为工作层,然后新建"图层 2",并将前景色和背景色设置为默认的黑色和白色。

(11) 执行【滤镜】/【渲染】/【云彩】命令,制作出的云彩效果如图 10-11 所示。

(12) 将"图层 2"的图层混合模式选项设置为"滤色";【不透明度】选项设置为"60%",完成建筑物倒影效果的制作,如图 10-12 所示。

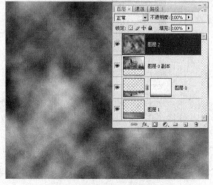

图10-11 生成的云彩效果

图10-12 制作完成的倒影效果

(13) 按 Shift+Ctrl+S 组合键，将此文件另命名为"水中倒影效果.psd"保存。

 案例小结　本例主要介绍了倒影效果的制作方法，在制作过程中主要用到了【高斯模糊】和【波纹】命令，另外，利用【云彩】命令制作雾效果的方法也是实际工作过程中经常用到的，希望读者能将其掌握。

 ## 10.3　下雪效果制作

【例10-2】 综合几种滤镜命令，制作出如图 10-13 所示的下雪效果。

图10-13　下雪效果

 操作步骤

(1)　打开素材文件中名为"T10-01.jpg"的图片文件，如图 10-14 所示。

(2)　在【图层】面板中新建"图层 1"，并将其填充上黑色。

(3)　执行【滤镜】/【杂色】/【添加杂色】命令，参数设置如图 10-15 所示，然后单击 确定 按钮。

图10-14　打开的图片

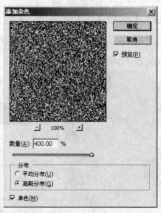

图10-15　【添加杂色】对话框

(4)　执行【滤镜】/【像素化】/【晶格化】命令，参数设置如图 10-16 所示，单击 确定 按钮，画面效果如图 10-17 所示。

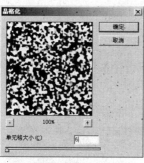

图10-16 【晶格化】对话框

图10-17 画面效果

(5) 执行【滤镜】/【其它】/【最小值】命令，参数设置如图 10-18 所示，单击 确定 按钮，画面效果如图 10-19 所示。

图10-18 【最小值】对话框

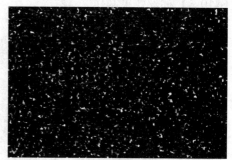

图10-19 画面效果

(6) 在【图层】面板中将图层混合模式设置为"滤色"，画面效果如图 10-20 所示。

(7) 执行【滤镜】/【模糊】/【动感模糊】命令，参数设置如图 10-21 所示。

图10-20 设置为"滤色"模式后的效果

图10-21 【动感模糊】对话框

(8) 单击 确定 按钮，画面效果如图 10-22 所示。

(9) 利用 工具将人物身上的雪花轻轻地擦除一下，下雪效果就制作完成了，效果如图 10-23 所示。

图10-22 下雪效果

图10-23 制作完成的效果

(10) 按 Shift+Ctrl+S 组合键，将此文件另命名为 "下雪效果.psd" 保存。

案例小结　　本例主要介绍了下雪效果的制作方法，其中【添加杂色】、【晶格化】、【最小值】、【动感模糊】等滤镜命令的综合使用方法，希望读者能够掌握。

10.4 制作抽丝效果

【例10-3】抽丝效果制作。

本案例介绍制作抽丝效果，原图片及制作后的效果如图 10-24 所示。

图10-24　原图片及制作后的抽丝效果

 操作步骤

(1) 打开素材文件中名为 "T10-02.jpg" 的图片文件。

(2) 将前景色设置为黑色，选择 ▢ 工具，单击属性栏中 ▭ 选项右侧的倒三角按钮，在弹出的【渐变样式】面板中选择 "前景到透明" 的渐变样式。

(3) 新建 "图层 1"，确认属性栏中的【反向】选项未被勾选，按住 Shift 键，在画面的下方位置按住鼠标左键并向上拖曳，为 "图层 1" 填充渐变色，状态如图 10-25 所示，填充渐变色后的效果如图 10-26 所示。

图10-25　填充渐变色时的状态

图10-26　填充渐变色后的效果

(4) 执行【滤镜】/【扭曲】/【波浪】命令，弹出【波浪】对话框，设置各项参数如图 10-27 所示。

(5) 单击 ▭ 确定 ▭ 按钮，执行【波浪】命令后的效果如图 10-28 所示。

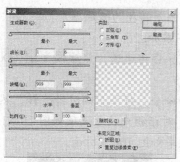

图10-27 【波浪】对话框

图10-28 执行【波浪】命令后的效果

(6) 按 Ctrl+I 组合键，将画面反相显示，反相显示后的效果如图 10-29 所示。

图10-29 反相显示后的效果

(7) 按 Shift+Ctrl+S 组合键，将此文件另命名为 "制作抽丝效果.psd" 保存。

 案例小结 本例主要利用【波浪】命令结合图层的不透明度来制作抽丝效果，此方法非常简单实用，希望读者能够掌握。

10.5 火焰字效果制作

【例10-4】制作火焰效果字，效果如图 10-30 所示。

操作步骤

(1) 新建一个【宽度】为 "21 厘米"，【高度】为 "16 厘米"，【分辨率】为 "72 像素/英寸"，【颜色模式】为 "RGB 颜色"，【背景内容】为 "黑色" 的文件。

(2) 将前景色设置为白色，然后利用 T 工具在画面中输入图 10-31 所示的文字。

图10-30 最终效果

图10-31 输入文字

(3) 执行【图层】/【栅格化】/【文字】命令，将文字图层转换为普通图层，然后按住 Ctrl
键单击【图层】面板中的"火焰字"图层，为文字添加选区。

(4) 打开【通道】面板，单击底部的 ▣ 按钮，将选区保存为通道，然后按 Ctrl+D 组合键
去除选区。

(5) 执行【图像】/【旋转画布】/【90 度（顺时针）】命令，将画布顺时针旋转，然后执行
【滤镜】/【风格化】/【风】命令，在弹出的【风】对话框中设置选项如图 10-32 所示。

(6) 单击 确定 按钮，执行【风】命令后的画面效果如图 10-33 所示。

图10-32 【风】对话框   图10-33 执行【风】命令后的画面效果

(7) 连续按 3 次 Ctrl+F 组合键，重复执行【风】命令，生成的画面效果如图 10-34 所示。

(8) 执行【图像】/【旋转画布】/【90 度（逆时针）】命令，将画布逆时针旋转，然后执行【选
择】/【载入选区】命令，在弹出的【载入选区】对话框中设置选项，如图 10-35 所示。

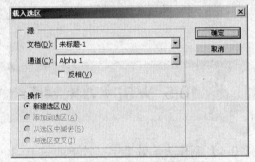

图10-34 重复执行【风】命令后的画面效果   图10-35 【载入选区】对话框

(9) 单击 确定 按钮载入选区，然后按 Shift+Ctrl+I 组合键将载入的选区反选。

(10) 执行【滤镜】/【模糊】/【高斯模糊】命令，在弹出的【高斯模糊】对话框中设置参数
如图 10-36 所示。

(11) 单击 确定 按钮，执行【高斯模糊】命令后的画面效果如图 10-37 所示。

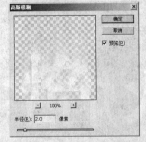

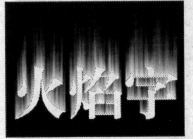

图10-36 【高斯模糊】对话框   图10-37 执行【高斯模糊】命令后的画面效果

(12) 执行【滤镜】/【扭曲】/【波纹】命令，在弹出的【波纹】对话框中设置参数如图 10-38
所示。单击 确定 按钮，执行【波纹】命令后的画面效果如图 10-39 所示。

图10-38 【波纹】对话框

图10-39 执行【波纹】命令后的画面效果

(13) 按 Ctrl+D 组合键去除选区，然后执行【图像】/【模式】/【灰度】命令，在弹出的如图
10-40 所示的【Adobe Photoshop CS3】提示对话框中单击 拼合(F) 按钮，将图像转换为
灰度模式。

图10-40 【Adobe Photoshop】提示面板

(14) 执行【图像】/【模式】/【索引颜色】命令，将图像文件的颜色模式转换为索引颜色模
式。然后执行【图像】/【模式】/【颜色表】命令，在弹出的【颜色表】对话框中选择
如图 10-41 所示的【黑体】选项。

(15) 单击 确定 按钮，生成的画面效果如图 10-42 所示。

图10-41 【颜色表】对话框

图10-42 生成的画面效果

(16) 执行【图像】/【模式】/【RGB 颜色】命令，将图像的索引颜色模式转换为 RGB 颜色
模式。然后执行【选择】/【载入选区】命令，在弹出的【载入选区】对话框中单击
确定 按钮，将文字选区再次载入。

(17) 为选区填充深红色（R:169,G:59,B:22），效果如图 10-43 所示。

(18) 利用【编辑】/【描边】命令，以【居外】的方式为选区描绘【宽度】为 "3 px" 的白
色边缘，然后将选区去除，描边后的文字效果如图 10-44 所示。

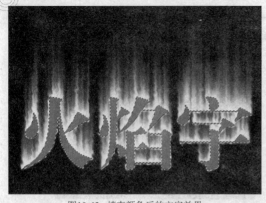 

图10-43 填充颜色后的文字效果　　　　　　　　　　　　图10-44 描边后的文字效果

(19) 按 Ctrl+S 组合键，将此文件命名为"火焰字效果.psd"保存。

 案例小结　　本例主要介绍火焰效果的制作方法，利用此方法不仅可以给文字制作火焰效果，还可以给图形或图像制作火焰效果，希望读者灵活掌握，达到学以致用的目的。

10.6 制作光线效果

【**例10-5**】制作光线效果，原图片及制作后的效果如图 10-45 所示。

图10-45 原图片及制作后的光线效果

(1) 打开素材文件中名为"T10-03.jpg"的图片文件，然后按 Ctrl+J 组合键将背景层复制为"图层 1"。

(2) 执行【滤镜】/【风格化】/【照亮边缘】命令，弹出【照亮边缘】对话框，设置各项参数如图 10-46 所示。

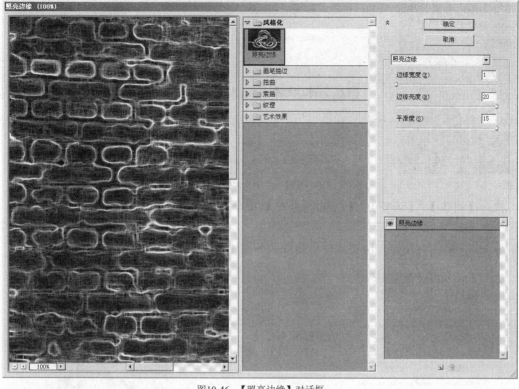

图10-46 【照亮边缘】对话框

(3) 单击 确定 按钮，执行【照亮边缘】命令后的效果如图 10-47 所示。

(4) 执行【滤镜】/【模糊】/【径向模糊】命令，弹出【径向模糊】对话框，设置各项参数如图 10-48 所示。

(5) 单击 确定 按钮，执行【径向模糊】命令后的效果如图 10-49 所示。

图10-47 照亮边缘后的效果

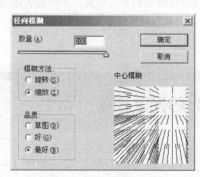

图10-48 【径向模糊】对话框

图10-49 径向模糊后的效果

(6) 将"图层 1"的图层混合模式选项设置为"滤色"，更改混合模式后的画面效果如图 10-50 所示。

(7) 执行【图像】/【调整】/【亮度/对比度】命令，弹出【亮度/对比度】对话框，设置各项参数如图 10-51 所示。

(8) 单击 确定 按钮，调整后的画面效果如图 10-52 所示。

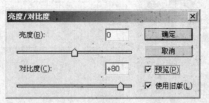

图10-50 更改混合模式效果　　　　图10-51 【亮度/对比度】对话框　　　　图10-52 调整后的效果

(9) 执行【图像】/【调整】/【色相/饱和度】命令，弹出【色相/饱和度】对话框，设置各项参数如图 10-53 所示。

(10) 单击 确定 按钮，调整后的画面效果如图 10-54 所示。

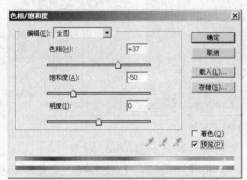

图10-53 【色相/饱和度】对话框　　　　图10-54 调整后的效果

(11) 按 Shift+Ctrl+S 组合键，将此文件另命名为"光线效果.psd"保存。

案例小结　　本例主要利用【照亮边缘】和【径向模糊】滤镜命令来制作发射光线效果。在【径向模糊】对话框中读者要注意发射点的设置。另外读者还需要掌握利用【亮度/对比度】和【色相/饱和度】命令调整光线颜色的方法。

10.7 制作漂亮的光束翅膀

【例10-6】本案例介绍制作漂亮光束翅膀的方法，效果如图 10-55 所示。

 操作步骤

(1) 新建一个【宽度】为"15 厘米"，【高度】为"20 厘米"，【分辨率】为"150 像素/英寸"的白色文件，然后为"背景"层填充上黑色。

(2) 利用 ⟋ 工具，依次绘制出如图 10-56 所示的白色圆点图形，注意笔头大小的设置。

图10-55　制作出的光束翅膀

图10-56　绘制的圆点图形

　要点提示

　　在绘制线圆点时，对于圆点的形状没有特定的要求。绘制圆点的数量，决定在下一步操作时画面中生成光线的数量。

(3)　执行【滤镜】/【模糊】/【径向模糊】命令，在弹出的【径向模糊】对话框中设置参数如图 10-57 所示。

(4)　单击　确定　按钮，执行【径向模糊】命令后的效果如图 10-58 所示。

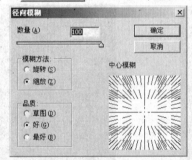

图10-57　【径向模糊】对话框

图10-58　径向模糊后的效果

(5)　连续按 3 次 Ctrl+F 组合键，重复执行【径向模糊】命令，生成的画面效果如图 10-59 所示。

(6)　利用 ▭ 工具，绘制出如图 10-60 所示的矩形选区，并按 Delete 键，将选择的内容删除。

(7)　按 Shift+Ctrl+I 组合键，将选区反选，反选后的选区形态如图 10-61 所示。

图10-59　重复模糊后的效果

图10-60　绘制的选区

图10-61　反选后的选区形态

(8)　按 Ctrl+J 组合键，将选区中的内容通过复制生成"图层 1"，然后将"背景"层隐藏。

(9) 执行【滤镜】/【扭曲】/【旋转扭曲】命令，在弹出的【旋转扭曲】对话框中设置参数如图 10-62 所示。

(10) 单击 确定 按钮，执行【旋转扭曲】命令后的效果如图 10-63 所示。

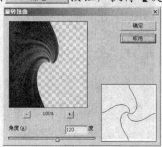

图10-62 【旋转扭曲】对话框

图10-63 执行【旋转扭曲】命令后的效果

(11) 选择 ▨ 工具，激活选项栏中的 ▨ 按钮，单击选项栏中的 ▬▬▬ 按钮，在弹出的【渐变编辑器】窗口中设置渐变颜色如图 10-64 所示，然后单击 确定 按钮。

(12) 将"背景"层显示，并将其设置为当前层，然后在画面的中间位置，按住左键并向左拖曳鼠标填充径向渐变色，效果如图 10-65 所示。

(13) 将"图层 1"设置为当前层，然后将其图层混合模式选项设置为"线性减淡（添加）"，更改混合模式后的效果如图 10-66 所示。

图10-64 【渐变编辑器】窗口

图10-65 填充渐变色后的效果

图10-66 更改模式后的效果

(14) 选择 ✐ 工具，在选项栏中将【主直径】选项的参数设置为"60 px"，【模式】选项设置为"正常"，【强度】选项的参数设置为"100%"，然后在图形的下方位置按住左键并拖曳鼠标，将图形涂抹至如图 10-67 所示的形态。

(15) 打开素材文件中名为"儿童.jpg"的图片文件，如图 10-68 所示。

图10-67 涂抹后的图形形态

图10-68 打开的图片

(16) 利用 ✎ 和 ▸ 工具，沿人物的轮廓边缘绘制并调整路径，将人物选择，然后按

Ctrl + Enter 组合键将路径转换为选区。

(17) 将选择的人物移动复制到新建文件中生成"图层 2"，再按 Ctrl + T 组合键，为其添加自由变换框，并将其调整至如图 10-69 所示的形态，然后按 Enter 键确认图像的变换操作。

(18) 将"图层 1"复制生成为"图层 1 副本"，来增加图形的清晰度，然后将"图层 1 副本"调整至"图层 2"的上方，效果如图 10-70 所示。

(19) 将"图层 1"和"图层 1 副本"同时选择，并将其复制，然后执行【编辑】/【变换】/【水平翻转】命令，将复制出的图形翻转。

(20) 按 Ctrl + T 组合键，为翻转后的图形添加自由变换框，并将其调整至合适的大小后放置到如图 10-71 所示的位置。

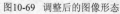

图10-69 调整后的图像形态　　　　图10-70 复制图像后的效果　　　　图10-71 图形放置的位置

(21) 选取 工具，单击属性栏中的 按钮，设置画笔选项及参数如图 10-72 所示。

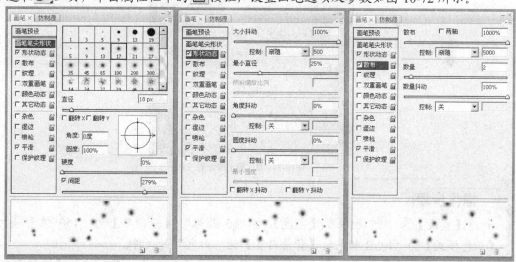

图10-72 【画笔】面板

(22) 新建"图层 3"，并将前景色设置为白色，然后在画面中按住左键并拖曳鼠标，绘制出如图 10-73 所示的圆点图形。

图10-73　绘制的圆点图形

(23) 按 Ctrl+S 组合键，将此文件命名为"制作光束翅膀.psd"保存。

10.8　制作水珠效果

【例10-7】本案例介绍制作如图 10-74 所示的水珠效果。

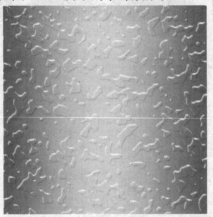

图10-74　制作的水珠效果

 操作步骤

(1) 新建【宽度】为"15 厘米"，【高度】为"15 厘米"，【分辨率】为"150 像素/英寸"，【颜色模式】为"RGB 颜色"，【背景内容】为"白色"的文件。

(2) 按 D 键，将前景色和背景色分别设置为默认的黑色和白色，然后执行【滤镜】/【渲染】/【云彩】命令，为"背景"层添加由前景色和背景色混合而成的云彩效果，如图 10-75 所示。

(3) 执行【滤镜】/【其他】/【高反差保留】命令，在弹出的【高反差保留】对话框中将【半径】的参数设置为"11.5 像素"，然后单击 确定 按钮，执行【高反差保留】命令后的效果如图 10-76 所示。

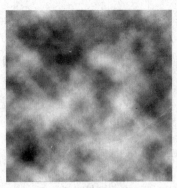

图10-75 添加的云彩效果

图10-76 执行【高反差保留】命令后的效果

(4) 按 X 键，将前景色和背景色互换，然后执行【滤镜】/【素描】/【图章】命令，弹出【图章】对话框，设置各项参数如图 10-77 所示。

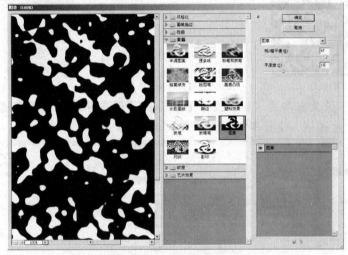

图10-77 【图章】对话框

(5) 单击 确定 按钮，执行【图章】命令后的效果如图 10-78 所示。

(6) 打开【通道】面板，按住 Ctrl 键单击"蓝"通道，将其作为选区载入，再单击面板下方的 按钮，将选区存储为"Alpha 1"通道，然后按 Ctrl+D 组合键去除选区。

(7) 确认"Alpha 1"通道为工作状态，然后按 Ctrl+L 组合键，弹出【色阶】对话框，设置各项参数如图 10-79 所示。

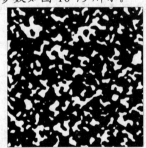

图10-78 执行【图章】命令后的效果

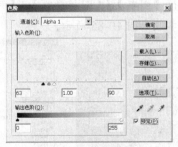

图10-79 【色阶】对话框

(8) 单击 确定 按钮，调整后的效果如图 10-80 所示。

(9) 按住 Ctrl 键单击"Alpha 1"通道，将其作为选区载入，然后按 Ctrl+~ 组合键，返回到 RGB 颜色模式。

第 10 章 滤镜的应用

239

(10) 打开【图层】面板，新建"图层 1"，并将其【填充】的参数设置为"0%"，再为选区填充上白色，然后按 Ctrl+D 组合键去除选区。

(11) 选择 ▢ 工具，单击属性栏中 ▬▬▬ 选项的颜色条部分，弹出【渐变编辑器】窗口，设置颜色参数如图 10-81 所示，然后单击 确定 按钮。

(12) 将"背景"层设置为当前层，然后按住 Shift 键，在画面中由左至右拖曳鼠标光标，为"背景"层填充设置的线性渐变色，效果如图 10-82 所示。

图10-80 调整后的效果

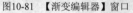
图10-81 【渐变编辑器】窗口

图10-82 填充渐变色后的效果

(13) 将"图层 1"设置当期层，然后执行【图层】/【图层样式】/【混合选项】命令，弹出【图层样式】对话框，设置各项参数如图 10-83 所示。

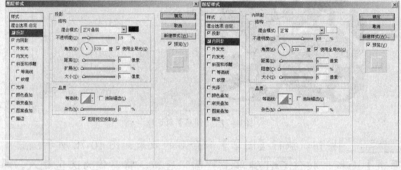
图10-83 【图层样式】对话框

(14) 单击 确定 按钮，添加【图层样式】后的效果如图 10-84 所示。

(15) 将"图层 1"复制生成为"图层 1 副本"，然后将复制出图层中的样式层删除。

(16) 执行【图层】/【图层样式】/【斜面和浮雕】命令，弹出【图层样式】对话框，设置各项参数如图 10-85 所示。

图10-84 添加图层样式后的效果

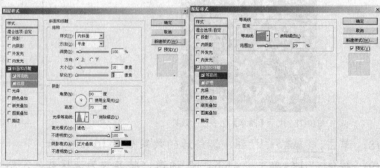
图10-85 【图层样式】对话框

(17) 单击 确定 按钮，添加图层样式后的效果如图 10-86 所示。

(18) 将"图层 1 副本"调整至"图层 1"的下方位置，调整图层顺序后的效果如图 10-87 所示。

图10-86 添加图层样式后的效果

图10-87 跳调整图层顺序后的效果

(19) 至此，水珠效果已制作完成，按 Ctrl+S 组合键，将文件命名为"制作水珠.psd"保存。接下来，将制作的水珠效果应用到场景中。

(20) 打开素材文件中名为"蜻蜓.jpg"的图片文件，如图 10-88 所示。

(21) 将"制作水珠"文件设置为工作状态，按 Ctrl+E 组合键，将"图层 1"向下合并为"图层 1 副本"，然后将其移动复制到"蜻蜓"文件中生成"图层 1"。

(22) 按 Ctrl+T 组合键，为移动复制入的水珠添加自由变换框，并将其调整至如图 10-89 所示的形态，然后按 Enter 键确认图形的变换操作。

(23) 单击【图层】面板下方的 按钮，为"图层 1"添加图层蒙版，然后利用 工具在画面中喷绘黑色编辑蒙版，效果及【图层】面板如图 10-90 所示。

图10-88 打开的图片

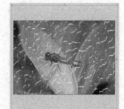
图10-89 调整后的图形形态

图10-90 编辑蒙版后的效果及【图层】面板

(24) 按 Shift+Ctrl+S 组合键，将文件另命名为"合成背景.psd"保存。

小结

本章主要利用【滤镜】命令并结合前面章节介绍的其他命令，制作了几种在实际工作中经常用到的特殊效果。通过这几个例子的介绍，相信读者对【滤镜】命令也有了大致了解。对于众多的【滤镜】命令这里不再逐一介绍了，读者可以自行逐个去体验，逐渐熟悉这些滤镜。希望读者课后多加练习，以达到熟练应用的目的。

习题

1. 打开素材文件中名为"T10-01.jpg"的图片文件，根据本章第 10.3 节制作的下雪效果，制作图 10-91 所示的下雨效果。

2. 用本章介绍的火焰字效果制作方法，制作出如图 10-92 所示的火轮效果。

图10-91 球形字效果

图10-92 火轮效果

3. 主要利用【文本】工具、【渐变】工具、【画笔】工具及【动感模糊】命令来制作发光效果字，如图 10-93 所示。

4. 灵活运用本书学过的命令将人物图片制作成如图 10-94 所示的手绘效果。

图10-93 制作的发射光线效果

图10-94 制作的手绘效果